茶道全书

时尚生活工作室—— 编著

青岛出版集团 | 青岛出版社

图书在版编目（ＣＩＰ）数据

茶道全书/时尚生活工作室编著. -- 青岛：青岛
出版社，2020.2
ISBN 978-7-5552-8502-1

Ⅰ.①茶… Ⅱ.①时… Ⅲ.①茶文化—中国 Ⅳ.
①TS971.21

中国版本图书馆CIP数据核字(2019)第169941号

书　名	茶　道　全　书	
	CHADAO QUANSHU	
编　著	时尚生活工作室	
特约顾问	邹碧莹	
出版发行	青岛出版社	
社　址	青岛市海尔路182号（266061）	
本社网址	http://www.qdpub.com	
邮购电话	0532-68068091	
策　划	刘海波　王　宁	
责任编辑	王　韵	
特约编辑	孔晓南	
封面设计	南京观止堂文化发展有限公司	
版式设计	南京观止堂文化发展有限公司	
照　排	南京观止堂文化发展有限公司	
印　刷	青岛海蓝印刷有限责任公司	
出版日期	2020年2月第1版　2023年3月第5次印刷	
开　本	16开（710mm×1000mm）	
印　张	16.25	
字　数	420千	
书　号	ISBN 978-7-5552-8502-1	
定　价	68.00元	

编校印装质量、盗版监督服务电话：4006532017　0532-68068050

前言
PREFACE

开门七件事，除去"柴米油盐酱醋"，余下的生活调味品就是"茶"了。喝茶不仅可以解渴，还可以减肥；不仅可以养心，还能养颜，甚至可以治疗都市人群中流行的"三高"疾病。于是乎，时尚中人纷纷以茶为礼，以赏茶、品茶为风尚。

刚接触茶的人，面对五花八门、形态各异的茶不免会眼花缭乱，且常常会有如下困惑：不会辨别茶的优劣，弄不清楚各种茶具的功能，不知道如何使用茶具泡茶，不清楚什么样的茶最适合自己，等等。这本书将会为大家解开这些困惑。

本书旨在指导读者如何专业地鉴茶、泡茶、品茶，适合入门新手。书中运用大量精美的图片和通俗易懂的文字，把读者带入一个清新的茶世界，让读者体会到鉴茶、泡茶、品茶的乐趣，更深刻地理解茶文化。

认识茶，享受泡茶的过程，嗅着清新淡雅的茶香，品出茶真味。"闲是闲非休要管，渴饮清泉闷煮茶"，人生何其快哉！

目录
CONTENTS

第三章　名茶品鉴

第四章 茶事与茶俗

第五章　茶与健康

第一章

识茶

CHAPTER 1

中国是最早发现和使用茶的国家，我们的祖先早在3000多年前就已经开始栽培茶树了。关于茶的故事说不尽、道不完，让我们追根溯源，从源头开始认识茶。

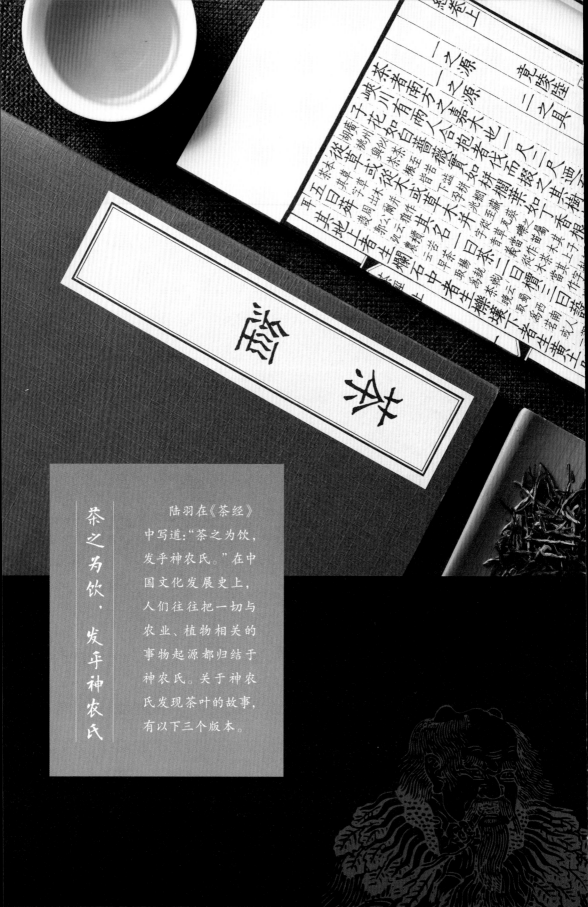

茶之为饮，发乎神农氏

陆羽在《茶经》中写道："茶之为饮，发乎神农氏。"在中国文化发展史上，人们往往把一切与农业、植物相关的事物起源都归结于神农氏。关于神农氏发现茶叶的故事，有以下三个版本。

传说一

神农氏是三皇五帝之一。他人身牛首，三岁知稼穑，长成后，身高八尺七寸，龙颜大唇。那时候，五谷和杂草、药物和百花都长在一起，哪些可吃，哪些可治病，谁也分不清，当时人们生疮害病都无医无药。为给人们治病，神农氏不顾自身安危，亲尝各种草木，以辨其味、明其效。一日，他吃了一种草叶后，口干舌麻，头晕目眩，全身乏力。于是他放下草药袋，背靠一棵大树斜躺，稍事休憩。这时，一阵风吹过，他闻到了一股清新的香气，但不知这清香从何而来。抬头一看，只见树上有几片翠绿的叶子冉冉落下，树叶青嫩可爱，气味芳芬。出于习惯，他拾起一片树叶放入口中慢慢咀嚼，发现此物味虽苦涩，但有清香回甘之味，食后舌底生津，精神振奋，且头晕目眩减轻，口干舌麻渐消。神农氏由此断定此物有解渴生津、提神醒脑、解毒的功效，将此物定名为"茶"。

传说二

相传神农氏为给人治病，翻山越岭地采集草药，还熬煎、试服这些草药，以亲身体会、鉴别草药的性能。一日，神农氏采来了一大包草药，把它们按已知的性能分成几堆，生火煮水。此时，忽有几片绿油油的树叶落入锅中，水中汤色渐呈黄绿，并有清香随着蒸汽上升而缓缓散发。神农氏取而饮之，只觉味带苦涩，清香扑鼻，回味香醇甘甜。于是神农氏从锅中捞起叶子细加观察，发现锅边似乎没有此种树叶，心想：一定是上天念我年迈心善和采药治病之苦，赐我玉叶以济众生。自此，他一边继续研究这种叶子的药效，一边涉足群山寻找此种树叶。一天，神农氏终于在山里发现了与落入锅中的绿叶一模一样的叶子，将其熬煮出黄绿色的汁水，饮之其味也同，神农氏大喜，遂将此物定名为"茶"。神农氏还发现这种树叶的汤汁有生津解渴、提神醒脑、利尿解毒、止泻等作用，因此认为这种树叶是养生之妙药。据说，当年神农氏发现的"茶"，就是今天的"茶"。

传说三

话说在远古时代，有这么一位神农氏，他一生下来就有个"水晶肚"，肚子几乎是透明的，人们不仅可以看见他的五脏六腑，还能看见食物在其肠胃里蠕动的情形。那时候的人靠捋草籽、采野果、猎鸟兽维持生活。有时吃了不该吃的东西，就可能会中毒，严重的话就会被毒死。人们得了病，不知道如何对症下药，都是硬挺，挺过去就好了，挺不过去就死了。神农氏为了解除人们的疾苦，立誓尝遍百草，定药性，为大家消灾祛病。

有一日，神农氏食一植物后感觉肚子不舒服。难受之余，隐约闻到一股清香扑鼻而来，仔细辨别，发现这股清香是身旁一株开白花的植物散发出来的。神农氏取叶食之，只见叶汁在肚子里上下流动，好似在肚子里检查什么一样，最后把肠胃冲洗得干干净净，人也舒服了。神农氏敏锐地意识到是这种绿叶解了他的毒，欣喜万分，把这种绿叶称为"查"（后来人们又把"查"写成"茶"）。神农氏长年累月地跋山涉水、尝试百草，经常中毒，全靠这种绿叶来解救。

茶之源

对于茶树的起源这个问题，历来争议较多。随着考证技术的发展，人们才逐渐达成共识，即中国是茶树的原产地，并确认中国西南地区是茶树原产地的中心。由于地质变迁及人为栽培，茶树逐渐在全中国普及，并传播至世界各地。

茶树起源于何时？必是早于有文字记载的 3000 多年前。茶树原产于中国已被世界学者所公认，只是在 1824 年左右，有人在印度发现了野生茶树，一些国外学者对中国是茶树原产地的观点提出异议，在国际学术界引发了争议。这些持异议者均以印度有野生茶树为依据，还认为中国没有野生茶树。其实在《尔雅》中就有关于茶树的记载，且资料表明，我国有 10 个省区、共 198 处发现了野生大茶树，其中云南的一株野生大茶树的树龄已达 1700 年左右。仅云南省内，树干直径在 1 米以上的野生大茶树就有 10 多株。有的地区，野生茶树群落甚至大至数千亩（1 亩约等于 667 平方米）。我国已发现的野生大茶树，树龄之长，树体之大，数量之多，分布之广，性状之异，都堪称世界之最。此外，经考证，印度发现的野生茶树属中国茶树的变种。因此，中国是茶树的原产地这一点是毋庸置疑的。

近几十年来，专家将茶学和植物学的研究相结合，从树种及地质变迁、气候变化等不同角度出发，对茶树原产地进行了更加细致深入的分析和论证，进一步证明我国西南地区是茶树的原产地。

《诗经》中有"荼"字,《尔雅》中提到"槚,苦荼",《方言论》中记载"蜀西南人谓荼曰蔎",《凡将篇》中有"荈",晋代郭璞曰"今呼早采者为荼,晚取者为茗"。开元年间,唐明皇撰《开元文字音义》,将古茶字"荼"减去一笔作"茶"。陆羽在《茶经·一之源》中记载:"其字,或从草,或从木,或草木并。其名,一曰茶,二曰槚,三曰蔎,四曰茗,五曰荈。"他在《茶经》中,除讲述茶之源的篇幅外,通篇使用"茶"字。由此,"茶"字的用法渐渐统一,进而流行开来。

"茶"字的由来

在唐代以前,人们大多把茶称为"荼",也有其他"茶"的同义字。

饮茶习惯的由来

人类为什么要饮茶呢?又是怎样养成饮茶习惯的呢?对此,有五种说法。

1. 祭品说:这一说法认为,茶与其他的植物最早都是作为祭品用的。后来有人发现其食而无害,便"由祭品,而菜食,而药用",最终成为一种饮品。

2. 药物说:这一说法认为,茶"最初是作为药进入人类社会的"。《神农本草经》中写道:"神农尝百草,日遇七十二毒,得荼而解之。"

3. 食物说:这一说法认为,茶最早是作为食物存在的。"古者民茹草饮水""民以食为天","食在先"符合人类社会的进化规律。

4. 同步说:这一说法认为,最初利用茶的方式是将其作为口嚼的食料或烤煮的食物,与此同时,也逐渐将其作为药料饮用。

5. 交际说:《载敬堂集》载:"茶,或归于瑶草,或归于嘉木,为植物中珍品。茶之用,非单功于药食,亦为款客之上需也。"有《客来》诗云:"客来正月九,庭迸鹅黄柳。对坐细论文,烹茶香胜酒。"(摘自《载敬堂集·江南靖士诗稿》)此说从理论上把茶引入待人接物的范畴,开"交际说"之端。

>> 造型各异的精致茶具

　　笔者认为，茶成为饮品经历了以下多个阶段的发展演变过程。

　　春秋以前，茶叶最初是作为药物而受到关注的。古人直接含、嚼茶树鲜叶来汲取茶汁，感到芬芳、清口。久而久之，含嚼茶成为人们的一种嗜好。该阶段可说是茶成为饮品的前奏。

　　随着社会的发展，人们逐渐从生嚼茶叶转为煎服，即将鲜叶洗净后，置陶罐中加水煮熟，连汤带叶服用。煎煮而成的茶虽苦涩，但是滋味浓郁，风味与功效均胜几筹。日久，人们自然养成先煎煮后品饮的习惯，这是茶被加工成饮品的开端。

　　然后，茶由药发展为日常饮品，经过了食用阶段作为中间过渡，即将茶叶煮熟后，与饭菜调和一起食用。此时，用茶的目的一是增加营养，二是解食物之毒。《桐君录》等古籍中，则有将茶、姜及一些香料同煮食用的记载。可以看出，此时茶叶的利用方法又前进了一步，运用了当时的烹煮技术，并且当时的人们已注意到茶汤的调味功能。

　　在中国古代文献中，很早便有关于食茶的记载，而且茶叶随产地不同而有不同的名称。茶在中国社会各阶层中广泛普及，大致是在唐代陆羽所著的《茶经》传世以后，所以宋代有诗云："自从陆羽生人间，人间相学事春茶。"

　　中国的茶早在西汉时便传到国外，汉武帝时朝廷曾派使者出使中南半岛，使者所带的物品中不仅有黄金、锦帛，还有茶叶。南北朝齐武帝永明年间，中国茶叶随出口的丝绸、瓷器传到了土耳其。唐顺宗永贞元年，日本最澄禅师回国，将中国的茶籽带回日本。而后，茶叶不断从中国传往世界各地，许多国家开始种茶，并且有了饮茶的习惯。

茶的分布区域

根据现代茶区划分标准，我国的产茶地可分为四大茶区，即江北茶区、江南茶区、西南茶区和华南茶区。

| 江南茶区 |

江南茶区位于长江中、下游南岸，包括浙江、湖南、江西等省和皖南、苏南、鄂南等地。江南茶区为我国茶叶的主要产区，年产量约占全国年总产量的 2/3，所产茶的种类也很多，包括绿茶、红茶、黑茶、花茶等，西湖龙井、庐山云雾、君山银针、洞庭碧螺春等名茶皆产于此地。

江南茶区的茶园主要分布于丘陵地带，少数在海拔较高的山区。该地气候四季分明，年平均气温为 15 ~ 18℃，年降水量为 1400 ~ 1600 毫米，春夏季雨水多，秋季干旱。茶区土壤主要是红壤，部分为黄壤和棕壤。

| 江北茶区 |

江北茶区位于长江中、下游北岸，包括河南、陕西、甘肃、山东等省和皖北、苏北、鄂北等地。江北茶区主要生产绿茶。

江北茶区年平均气温为 15 ~ 16℃，年降水量少，为 700 ~ 1000 毫米，且分布不均，因此茶树常常受旱。茶区土壤多属黄棕壤和棕壤，是中国南北土壤过渡的区域。虽然气候不甚理想，但所产茶叶的质量并不亚于其他茶区，信阳毛尖、六安瓜片都产自江北茶区，亦都属于中国十大名茶。

| 西南茶区 |

西南茶区位于我国西南部，包括云南、贵州、四川等省和西藏自治区东南部，是我国最古老的茶区。这里主要生产红茶、绿茶、沱茶、紧压茶和普洱茶等。滇红工夫茶、竹叶青、普洱熟茶、云南沱茶等名茶皆产于此茶区。

西南地区的地形十分复杂，以高原和盆地为主，有些同纬度地区海拔高低悬殊，气候差别很大。大部分地区的气候为亚热带季风气候，冬暖夏凉。云南省的土壤以红壤为主，四川省、贵州省和西藏自治区东南部的土壤以黄壤为主，土壤有机质含量丰富。

| 华南茶区 |

华南茶区位于我国南部，包括广东、福建、台湾、海南等省和广西壮族自治区，是我国最适宜茶树生长的地区。产茶种类主要是红茶、乌龙茶、花茶、白茶、黑茶等，其中六堡茶是历史名茶。

华南地区气候温暖，降水量充沛，具有丰富的水热资源。大部分地区年平均气温为 19 ~ 22℃，最低月平均气温为 7 ~ 14℃，年降水量为 1200 ~ 2000 毫米，是中国茶区之最。茶区土壤以赤红壤为主，少部分为黄壤，土壤肥沃，有机物质含量丰富。

黄山，闻名中外的茶叶之乡

黄山可以说是名茶的摇篮。除了黄山毛峰这一中国十大名茶，另一种十大名茶祁门红茶，著名的绿茶太平猴魁、老竹大方和金山时雨，著名红茶黄山金毫等都产于此地，这些茶叶都深受人们的喜爱。

歙州是隋文帝设置的，经唐朝，到宋徽宗宣和三年改名为徽州，元改名为徽州路，明初改名为兴安府，后改为徽州府至清末。据《中国名茶志》引用《徽州府志》载："黄山产茶始于宋之嘉祐，兴于明之隆庆。"又载："明朝名茶：……黄山云雾，产于徽州黄山。"日本荣西禅师著《吃茶养生记》云："黄山茶养生之仙药也，延年之妙术也。"

黄山坐落在安徽歙县、太平、休宁、黔县之间，巍峨奇特的山峰，苍劲多姿的松树，清澈不湍的山泉，波涛起伏的云海，号称黄山"四绝"，引人入胜。明代著名的旅行家徐霞客把黄山推为我国名山之冠，留下了"五岳归来不看山，黄山归来不看岳"的名言。

黄山地区山势高，土质好，温暖湿润，因此很适合茶树生长。该地产茶历史悠久。据史料记载，黄山茶在400余年前就相当著名。《黄山志》称："莲花庵旁就石隙养茶，多清香冷韵，袭人断腭，谓之黄山云雾茶。"传说这就是黄山毛峰的前身。

中国十大名茶

1959年，全国"十大名茶"评比会评出了中国的"十大名茶"，分别是西湖龙井、洞庭碧螺春、黄山毛峰、庐山云雾、六安瓜片、信阳毛尖、君山银针、武夷岩茶、安溪铁观音、祁门红茶。其中，前六种皆属于绿茶，君山银针属于黄茶，武夷岩茶和安溪铁观音属于乌龙茶，祁门红茶属于红茶。

西湖龙井

外形：扁平，光滑，挺直

色泽：嫩绿光润

汤色：清澈明亮

香气：清高持久

滋味：鲜爽甘醇

叶底：细嫩成朵

洞庭碧螺春

外形：条索纤细匀整，形曲似螺，白毫显露

色泽：银绿润泽

汤色：嫩绿鲜亮

香气：清新淡雅的花果香或嫩香

滋味：鲜醇回甘

叶底：芽大叶小，嫩绿柔匀

黄山毛峰

外形：条索扁平，形似雀舌

色泽：绿中泛黄，莹润有光泽

汤色：清澈透亮，翠绿泛黄

香气：清香高长，酷似白兰

滋味：鲜浓醇厚

叶底：嫩黄，肥壮成朵

庐山云雾

外形：条形紧凑，青翠多毫

色泽：碧嫩

汤色：清淡，宛若碧玉

香气：香幽如兰

滋味：浓厚，鲜爽持久

叶底：嫩绿匀齐

六安瓜片

外形：片卷顺直，形似瓜子

色泽：色泽宝绿，起润有霜

汤色：绿中透黄，清澈明亮

香气：回味悠长

滋味：鲜醇回甜

叶底：叶底嫩黄，整齐成朵

信阳毛尖

外形：细秀圆直，隐显白毫

色泽：鲜亮，泛绿色光泽

汤色：淡绿，明亮

香气：浓郁栗香，香气持久

滋味：爽口清甜

叶底：细嫩匀整

外形：芽头肥壮，紧实挺直，满披白毫

色泽：金黄光亮

汤色：橙黄明净

香气：清纯

滋味：甜爽

叶底：嫩黄匀亮

君山银针

武夷岩茶

外形：条索肥壮紧结

色泽：乌褐

汤色：清澈鲜丽，呈深橙黄色

香气：兼具绿茶的清香和红茶的熟香，清新幽远

滋味：浓厚可口，令人回味无穷

叶底：软亮，叶缘微红

外形：卷曲重实

色泽：砂绿

汤色：艳似琥珀

香气：天然馥郁的兰花香

滋味：醇厚甘鲜

叶底：柔软鲜亮

安溪铁观音

祁门红茶

外形：条索紧细秀长，匀称整齐

色泽：色泽乌润，富有光泽

汤色：红艳明亮

香气：香气似果、似蜜糖、似花，清鲜持久

滋味：甘香醇厚

叶底：红亮嫩软

茶的分类

　　由于我国产茶历史悠久，茶区辽阔，自然条件各异，茶树品种繁多，加上采制加工方法不同，因此我国茶叶种类齐全，品目繁庶。茶的命名依据有很多：有的根据外形命名，例如银针、瓜片等；有的根据茶叶产地命名，例如西湖龙井、洞庭碧螺春等；有的根据采收季节分类，例如春茶、夏茶、秋茶；有的根据发酵程度分类，例如发酵茶、半发酵茶、全发酵茶等。下面介绍几种常见的分类方法。

| 七大茶类 |

　　诸多分类方式中，被大家广为熟知和认同的是根据茶的加工方法分类。按照这种方法，可将茶分为六大基本茶类，分别是绿茶、红茶、乌龙茶、白茶、黄茶、黑茶。将上述六种茶中的任意一种加花、香料等物进行加工，就形成了花茶。

◎ 绿茶

　　绿茶是不发酵茶，即将鲜叶经过摊晾后直接下到热锅里炒制，以保持其色绿的特点。因其叶片及汤呈绿色，故名。中国名品绿茶有西湖龙井、洞庭碧螺春、黄山毛峰、六安瓜片等。

◎红茶

　　红茶是一种经过发酵制成的茶。因其叶片及汤呈红色，故名。中国著名的红茶有安徽祁红、云南滇红、湖北宣红、四川川红等。

◎乌龙茶

　　乌龙茶又名青茶，是一种半发酵茶，特征是叶片中心为绿色，边缘为红色，俗称"绿叶红镶边"。乌龙茶主要产于福建、广东、台湾等地，一般以产地的茶树品种名命名，如铁观音、大红袍、乌龙、水仙等。其香气浓烈持久，饮后留香，有提神、消食、止痢、解暑、醒酒等功效。

◎白茶

白茶是一种不经发酵亦不经揉捻制成的茶，具有天然的香味，其特点是遍披白色茸毛，汤色略黄而滋味甜醇。主要产地在福建福鼎市和政和县。

◎黄茶

黄茶属轻发酵茶，加工工艺与绿茶的类似，只是在干燥工艺前增加了一道闷黄的工艺，促使其中的叶绿素等物质部分氧化。黄茶的品质特点是"黄叶黄汤"，这种黄色就是制茶过程中进行闷黄的结果。黄茶的主要产地在安徽、四川、浙江、湖南和湖北等省。

◎黑茶

这一类茶因其成品茶的外观呈黑色而得名。黑茶属后发酵茶，制茶工艺一般包括杀青、揉捻、渥堆和干燥四道工序，主产区为四川、云南、湖北、湖南等地。黑茶采用的原料较粗老，一般为一芽三四叶或一芽五六叶。

◎花茶

花茶又名香片，属于再加工茶。花茶由精致茶坯和具有香气、适合食用的鲜花混合，采用特殊窨制工艺制作而成。花茶香味浓郁，茶汤色深，深得偏好重口味的北方人的喜爱。

| 按茶树品种分类 |

茶树是多年生常绿木本植物。以树型为分类性状，按照自然生长情况下植株的高度和分枝习性，茶树可分为乔木型、小乔木型、灌木型三种。

◎小乔木型

小乔木型茶树分布于热带和亚热带茶区，也有较为明显的主干，但是不如乔木型茶树高大，植株从底部到中部主干较明显，上部主干不明显，分枝部位离地面较近，分枝较稀，叶片为中叶型，抗逆性和抗寒性较乔木型茶树稍强。

◎乔木型

乔木型茶树是较原始的茶树类型，分布于和茶树原产地自然条件较为接近的自然区域，即我国热带和亚热带地区。乔木型茶树的特点是树木十分高大，高度可达几十米；分枝部位高，主干明显，分枝稀疏；叶片大；结实率低，抗逆性弱，抗寒性差；芽叶中多酚类物质含量高；品质上具有滋味浓强的特点。乔木型茶树多分布在温暖湿润的地区（如云南省），适宜制红茶。

◎灌木型

灌木型茶树主要分布于亚热带茶区，我国大部分茶区都有这种类型的茶树，包括的种类也最多。灌木型茶树的特点是比较矮小，没有明显的主干；分枝部位低，分枝稠密；叶片小；结实率高，抗逆性强，能适应较为寒冷和干旱的气候环境。

有一些野生乔木型茶树为适应较为寒冷和干旱的气候环境，会改变某些特性，如叶片变小、变厚，树形矮化，形成小乔木型或灌木型茶树。而很多规模化栽培型茶园的茶树大多为灌木形态，一些原本属于乔木型的茶树，经人为干预逐渐矮化，会显现出类似灌木型茶树的特征。

| 按采收季节分类 |

在我国绝大部分产茶地区，茶树的生长和茶叶的采摘是有季节性的。按照不同的采收季节，可以将茶叶分为春茶、夏茶、秋茶三种。若采收季节不同，即使是同一个茶园产出的茶叶，其外形和品质也会有较大的差异。

◎春茶

春茶指3月下旬至5月上旬采制的茶。春季温度适中，雨量充沛，茶树经过冬季的"修生养息"，在春季生长出来的茶芽叶肥硕、色泽翠绿，品质格外出色，具有滋味浓、香气高、农残少的特点，且富含氨基酸和维生素，保健作用更为明显。

◎夏茶

夏茶指5月中下旬至7月采制的茶。夏茶的品质不如春茶，尤其是绿茶。夏季天气炎热，芽叶生长迅速，茶叶中氨基酸和维生素的含量明显减少。受气温和日照影响，夏茶很容易老化，多酚类物质含量高，使得夏茶口感不如春茶，甚至有些苦涩，香气亦不如春茶浓郁。

◎秋茶

秋茶的采摘时间为8～10月，品质介于春茶和夏茶之间。秋季气候条件优于夏季，有利于茶叶芳香物质的合成与积累，但是秋茶生长期比春茶短，加上经春夏两季的生长和采摘，鲜叶内有效成分的数量相对较少，香气和滋味平和，较春茶逊色。

明前茶是什么茶？所有的茶都是春茶的品质更好吗？

我们经常听到"明前茶"这个词，也有"明前茶，贵如金"的说法，那么明前茶到底是指什么呢？

其实，明前茶是对江南茶区清明节前采制的春茶的称呼，只是针对绿茶及少量的红茶而言。明前茶芽叶细嫩，较少受到农药的污染，色翠香幽，味醇形美，是茶中佳品，加上清明前茶树发芽数量有限，产量小，因而格外珍贵。而乌龙茶和普洱茶等不存在"明前茶"的说法，茶友们在购买茶叶时可不要被忽悠了。

明前茶属于春茶。对于某些茶类来说，春茶的品质与口感确实较其他季节的茶更好，尤其是绿茶，例如购买龙井茶时一定要选择春茶，明前的龙井品质更是上乘。但并不是所有的茶都是春茶的品质更好。根据采摘季节不同，茶会呈现不同的口感，例如：秋季的乌龙茶味道更醇厚，回甘也较好；部分黑茶和白茶的夏茶和秋茶也很出色。此外在不同的年份，由于气候的差异，茶叶品质也会有不同。

| 按茶的生长环境分类 |

按照茶树的生长环境，茶可分为平地茶、高山茶和有机茶几种类型，品质也有所不同。

◎平地茶

平地茶是指产自平地或海拔较低的地区的茶叶。这里的茶树生长速度快，但是芽叶较小，叶底硬薄，叶张平展，叶色黄绿少光。由这类芽叶加工而成的茶叶身骨较轻，条索细瘦，香气和滋味都较淡，品质较为普通。

◎高山茶

高山茶是指产自海拔较高的山区的茶叶。人们常说"高山出好茶"，是因为高海拔山区的地理和气候环境适合茶树的生长。茶树喜温湿，喜阴，而高海拔山区降水量较大，空气湿度大，能满足茶树的生长需要。高山茶芽肥叶壮，色绿茸多，加工而成的茶叶香气浓郁，耐于冲泡，品质上乘。

◎有机茶

有机茶是指在生长、生产加工、包装、存储、运输等各环节都没有受到污染，且经过食品认证机构的审查和认可的茶叶。有机茶是近年来新出现的一个茶叶品种，或者说是一种新的茶叶鉴定标准，要求采用在完全无污染的产地种植、生长出来的茶芽，种植和加工过程中严禁使用任何农用化学品，在种植、加工、存储和运输的过程中都会进行监测，以保证全过程无污染，符合如今人们对食品安全和健康的需求。

| 按发酵程度分类 |

制茶工艺有萎凋、发酵、杀青、揉捻、干燥等。萎凋是使茶叶中的水分丧失的过程，主要目的在于减少鲜叶与枝梗的含水量。在水分丧失的过程中，叶孔充分打开，空气中的氧进入叶孔，在一定的温度条件下，与叶子细胞的成分发生化学反应，也就是发酵。

茶叶按照萎凋与否分类，可分为萎凋茶和不萎凋茶两种。根据制茶过程中是否有发酵过程、发酵程度以及不同工艺划分，可将茶叶分为不发酵茶、半发酵茶、全发酵茶和后发酵茶四种。

◎不发酵茶

绿茶属于不发酵茶，基本的加工工艺流程分为杀青、揉捻、干燥三步，这样制成的茶叶，鲜叶内的天然成分保存较好，茶汤青翠碧绿。

◎半发酵茶

半发酵茶的发酵程度有所不同。白茶为 5% ~ 10% 发酵，属于轻发酵茶，是用"重萎凋不发酵"做法制成的茶叶，气味天然，很好地保留了茶的清香和鲜爽。制黄茶的过程中虽然没有萎凋和发酵这两道工序，但比制绿茶多了一道闷黄的工序，因此黄茶也属于半发酵茶。乌龙茶为部分发酵茶，发酵程度为 60% ~ 70%，加工工艺较为复杂。

◎全发酵茶

全发酵茶是指 100% 发酵的茶叶。红茶属于全发酵茶类，制作时萎凋程度最高、最完全。

◎后发酵茶

黑茶属于后发酵茶，发酵程度达 80%，加工工艺一般包括杀青、揉捻、渥堆和干燥这四步。采摘鲜叶后，不经过萎凋直接杀青，再揉捻，然后渥堆发酵，其中渥堆是制作黑茶的特有工序。

| 按烘焙温度分类 |

烘焙的目的是蒸发茶叶内多余的水分，通过调整烘焙的温度与时间改变茶的色、香、味、形，增进香色和熟感，提高和固定茶的品质。根据焙火的程度，可将茶分为生茶、半熟茶、熟茶三种。

◎生茶

生茶的烘焙程度低，主要是为了保留茶本身的清香。

◎半熟茶

半熟茶的烘焙程度较高，烘焙时间较长，烘焙出的茶香气和口味都更浓。

◎熟茶

熟茶经高温长时间烘焙，口味为熟果香。

| 其他分类方法 |

◎按产地取名

由于不同产地的地理条件、气候条件等不同，因此，同一种茶树在不同产地产出的茶叶品质也不一样。有一些茶叶命名时直接根据产地命名，如西湖龙井、洞庭碧螺春、安溪铁观音、祁门红茶、黄山毛峰、庐山云雾等。

需要说明的是，像龙井、碧螺春等名称并不是特指西湖龙井、洞庭碧螺春，龙井茶还包括钱塘龙井、越州龙井，碧螺春还包括云南碧螺春，只是西湖龙井、洞庭碧螺春的品质更佳、更正宗，因此更为有名。

◎ 按制造程序分类

按照制造程序分类，茶可分为毛茶与精茶两类。

毛茶是茶叶经过初制后含有黄片、茶梗的产品，外形较为粗糙，大小不一。精茶是毛茶经过分筛、拣剔等程序，形成的外形整齐、品质统一的成品。

◎ 按照茶的原材料分类

根据制茶原料的不同，茶叶可分为叶茶和芽茶两类。叶茶就是以叶为原料制造的茶类，这类茶需要用新鲜的叶片制作，因此要等到枝叶成熟后才摘取。芽茶则是用芽制作而成的茶类，有些芽茶以白毫多为特色，茶叶嫩芽背面生长的细茸毛经干燥后呈现的白色物体就是白毫。

鲜叶按规格可分为单芽、一芽一叶、一芽二叶、一芽三叶、一芽四叶等。

单芽是指采茶时采摘的茶枝顶端的芽尖部分，单芽是最嫩的。一芽一叶就是一个芽头带一片叶子，以此类推。一般高级名优茶会采摘单芽、一芽一叶初展及一芽二叶初展的芽叶。

现代茶文化

茶文化是中国传统文化的重要组成部分。随着社会的发展与进步，茶文化日益繁荣，经历了从形式到内容、从物质到精神、从人与物的直接关系到成为人际关系媒介的转变。

茶文化以茶为载体，并通过这个载体来传播文化，包含和体现了一定时期的物质文明和精神文明。

近年来，茶的产量大幅度增加，这为我国茶文化的发展奠定了坚实的基础。1982年，杭州成立了第一个以弘扬茶文化为宗旨的社会团体"茶人之家"；1983年，湖北成立"陆羽茶文化研究会"；1990年，"中国茶人联谊会"在北京成立；1993年，"中国国际茶文化研究会"在湖州成立；1991年，中国茶叶博物馆在杭州西湖区正式开放；1998年，中国国际和平茶文化交流馆建成……

随着茶文化的兴起，各地茶艺馆越办越多。国际茶文化研讨会吸引了国际上大量的茶艺专家及爱好者。主产茶的地区纷纷举办"茶叶节"，如福建武夷山市的岩茶节、云南的普洱茶节，以及浙江新昌、湖北英山、河南信阳等地的茶节。茶节以茶为载体，促进了当地经济和文化的发展。

在注重饮食保健的今天，饮茶更为风行。茶文化在现代社会不但不会消亡，还会发扬光大。因为无论是作为一种饮品，还是作为一种文化载体，茶所具有的某些特性，刚好是现代社会所需要的。

| 茶是沟通精英文化与民间文化的一座桥梁 |

| 茶是抚慰人们心灵的清新剂，是改善人际关系的调节阀 |

| 茶是世俗生活与宗教境界之间的"中介体" |

| 茶是东方伦理和东方哲学的集中体现 |

"琴、棋、书、画、诗、酒、花、茶"，这是中国古代文人眼里的"八雅"，其中有茶；在民间也有一种说法，叫作"柴、米、油、盐、酱、醋、茶"，这是老百姓过日子的"开门七件事"，其中也有茶。茶是唯一一个在两种文化层面里都扮演着重要角色的物品。事实上，茶在现实生活中，也确实扮演着沟通精英文化与民间文化的特殊角色，它能使文人们多几分民间情怀，也可使百姓们多几分文人情趣。茶实在是一个很可爱的角色。

现代社会，人们的生活压力越来越大，人与人之间的利益关系使人们变得越来越疏远、冷漠。在这种背景之下，以茶会友、客来敬茶等传统民风便显现出特殊的亲和力和感染力。在激烈的竞争中，人们往往内心浮躁，充满欲望。当此之际，饮一杯茶正好可以清心醒脑、消除烦躁，使心情恢复平静。可以说，茶是最适合现代人饮用的"时尚饮品"。

佛教与茶的关系堪称水乳交融，古来素有"茶禅一味"之说。禅宗常说一句话："如人饮水，冷暖自知。"当你手捧茶杯，欣赏着一片片翩然下坠的茶芽，品味着集香、甜、苦、涩诸多味道于一身的茶汁，就可以体会到那种只可意会、不可言传的禅境。

东方文化非常重视将伦理道德渗透到人们的日常生活中去，而茶恰恰充当了这样的角色。日本茶道讲究"清、敬、和、寂"；中国茶学大师庄晚芳教授提出的"中国茶德"讲究"廉、美、和、敬"……这些精辟的概括，无不体现了东方人在茶身上寄托的理想境界。它们是茶德，是伦理，同时也是哲学。

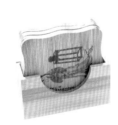

>>茶道具

君不可一日无茶

当年乾隆皇帝要退位的时候，有一位老臣劝谏说："国不可一日无君。"乾隆却只答了一句："君不可一日无茶。"短短一句，道尽这位中国史上最长寿皇帝的心头好。相传，乾隆皇帝六次南巡到杭州，曾四次到过西湖茶区。他在龙井狮子峰胡公庙前饮龙井茶时，赞赏茶叶香清味醇，遂封庙前十八棵茶树为"御茶"，并派专人看管，年年采制后进贡到宫中。

君子将喝茶看作一种修身养性的方式，茶道亦是一种以茶为媒的生活礼仪。通过沏茶、赏茶、闻茶、饮茶，人们增进友谊，修身养性，学习礼法。喝茶能静心、静神，有助于陶冶情操、去除杂念，这与提倡"清静、恬淡"的东方哲学思想很合拍，也符合佛、道、儒所提倡的"内省修行"。

在中国历史上，不乏好茶、爱茶的名人。除乾隆皇帝外，宋徽宗赵佶深谙饮茶之道，不但善于品尝、鉴赏茶，还著有《茶论》（后人称之为《大观茶论》），详细记述了北宋时期蒸青团茶的产地、采制、烹试、品质和北宋的斗茶风尚。毛泽东主席除吸烟之外，也很爱喝茶，常常睡醒之后就开始喝茶，一边喝茶一边看报；外出开会、视察工作时，也会自带茶叶和茶杯。鲁迅先生爱品茶，经常一边构思写作，一边悠然品茗。他客居广州时，曾经赞道："广州的茶清香可口，一杯在手，可以和朋友作半日谈。"因此，当年广州陶陶居、陆园、北园等茶居，都有他留下的足迹。他对品茶有独到的见解，曾有一段著名的妙论："有好茶喝，会喝好茶，是一种'清福'。不过要享这'清福'，首先就须有工夫，其次是练习出来的特别感觉。"

君子相约只喝茶不喝酒，因为君子坦荡荡，就如同这茶水，清香淡雅之中，藏着只可意会不可言传的奥妙。喝茶对君子而言，是一种习惯，更是一种信仰。

一盏茶，温温入喉，职场压力烟消云散。

一盏茶，回味悠长，人生得失自然通透。

一盏茶，妙不可言，尘世万象尽在其中。

第二章

泡茶

CHAPTER 2

想要喝上一杯好茶，除了要识茶、会鉴茶，还需要掌握一定的冲泡技法。

泡茶对茶具、用水、水温、环境和泡茶者的心境等都有一定要求。不同的茶，需用不同的茶具和冲泡方法来冲泡，才能达到最好的效果。

选茶

选购茶叶时，我们既可从观察干茶的嫩度、条索、色泽、整碎、净度入手，也可开汤品评，鉴赏茶汤的汤色、香气、滋味、叶底，从而判断茶叶的质量。下面就为大家详细介绍茶叶选购的指标。

| 茶叶的五项外形选购指标 |

茶叶的选购不是易事，要想得到好茶叶，需要掌握大量的知识，如各类茶叶的等级标准、价格与行情，以及茶叶的审评、检验方法等。茶叶的好坏，主要从色、香、味、形四个方面鉴别。普通饮茶之人购买茶叶时，一般只能观察干茶的外形和色泽，闻干茶的香味，仅凭外观判断茶叶的内在品质非常不易。这里简单为大家介绍一下鉴别干茶的方法。我们可以从五个方面来鉴别干茶的优劣，即嫩度、条索、色泽、整碎和净度。

◎嫩度

嫩度是决定茶叶品质的基本因素。

一般来说，嫩度好的茶叶容易符合该茶类的外形要求（如龙井之"光、扁、平、直"）。此外，还可以根据茶叶有无锋苗（用嫩叶制成的细而有尖锋的条索）去鉴别。锋苗好，白毫显露，表示嫩度好，做工也好。如果原料嫩度差，那么做工再好，茶条也无锋苗和白毫。但是，不能仅根据茸毛多少来判别嫩度，因各种茶的具体要求不一样，如极好的狮峰龙井是体表无茸毛的。再者，茸毛容易假冒，很多茶叶的茸毛都是人工做上去的。根据茸毛多少来判断芽叶嫩度的方法，只适合于毛峰、毛尖、银针等茸毛类茶。

需要特别注意的是，采鲜叶时，只采摘芽心的做法是不恰当的。因为芽心是生长不完善的部分，内含成分不全面，特别是叶绿素含量很低，所以不应单纯为了追求嫩度而只用芽心制茶。

总的来说，茶叶的嫩度主要看芽头多少、叶质老嫩和条索的光润度。此外，还要看锋苗的比例。一般红茶以芽头多、有锋苗、叶质细嫩为好；绿茶的炒青以锋苗多、叶质细嫩、重实为好，烘青则以芽毫多、叶质细嫩为好。

◎条索

　　条索是指各类茶所具有的一定的外形规格，如炒青茶为条形、珠茶为圆形、龙井为扁形、红碎茶为颗粒形等。一般来说，长条形茶看松紧、弯直、壮瘦、圆扁、轻重，圆形茶看颗粒的松紧、轻重、空实，扁形茶看平整光滑程度是否符合规格。通常茶的条索紧、身骨重、圆（扁形茶除外）而挺直，说明原料嫩，做工好，品质优；如果外形松、扁（扁形茶除外）、碎，并有烟焦味，说明原料老，做工差，品质劣。

◎色泽

　　茶叶的色泽与原料嫩度、加工技术有密切关系。各种茶均有一定的色泽要求，如红茶应乌黑油润、绿茶应呈翠绿色、乌龙茶应呈青褐色、黑茶应呈黑油色等。但是无论是哪一种茶类，好茶的标准均是色泽一致、光泽明亮、油润鲜活。如果色泽不一、深浅不同、暗而无光，说明原料老嫩不一，做工差，品质劣。

　　茶叶的色泽还和茶叶的产地以及季节有很大关系。高山绿茶色泽绿而略带黄，鲜活明亮；低山茶或平地茶色泽深绿有光。制茶过程中操作不当也容易使茶叶的色泽变差。购茶时，应充分考虑所购买的茶叶的特点。比如龙井中最好的品种狮峰龙井，其明前茶并非呈翠绿色，而是有天然的糙米色，呈嫩黄色，色泽明显有别于其他龙井，这是狮峰龙井的一大特色。因狮峰龙井卖价奇高，有些茶农会将其他品种的茶制造出相同色泽以冒充狮峰龙井，方法是在炒制茶叶的过程中稍稍炒过头，以便使叶色变黄。因此，广大茶友应注意辨别。真假狮峰龙井的区别在于：真狮峰匀称光洁，呈嫩黄色，茶香中带有清香；假狮峰则毛糙，偏深黄色，茶香带炒黄豆香。不经多次比较，确实不太容易判断出来，但是一经冲泡，区别就非常明显了，炒制过火的假狮峰完全没有龙井应有的馥郁的香味。

◎整碎

整碎是指茶叶的外形和断碎程度，以匀整为好，断碎为次。比较标准的审评方法是将茶叶放在盘中（一般为木质）旋转，使茶叶在旋转力的作用下，依大小、轻重、粗细、整碎形成有次序的分层。其中粗壮的在最上层，紧细重实的集中于中层，断碎细小的沉积在最下层。各茶类都以在中层的为好。上层的茶一般较粗老，冲泡后滋味较淡，汤色较浅；下层碎茶多，冲泡后往往滋味过浓，汤色较深。

◎净度

判断净度的优劣主要看茶叶中是否混有茶片、茶梗、茶末、茶籽，以及制作过程中混入的竹屑、木片、石灰、泥沙等夹杂物。净度好的茶不含任何夹杂物。

| 茶叶的四项内质选购指标 |

最易判别茶叶质量好坏的方法是冲泡之后品茶叶的滋味、闻香气、看叶底和茶汤的色泽、摸身骨（指叶质老嫩、叶肉厚薄和茶的质地轻重）。所以如果条件允许，购茶时尽量先冲泡然后尝一下。

国内茶叶品种车载斗量，非专业人士不太可能对每种茶都能判断出好坏。同一产地的茶也会因制茶技艺的差别而有质量好坏的差别。若是特别偏好某种茶，最好查找一些该茶的资料，准确了解其色、香、味、形的特点，将每次买到的茶互相比较一下，这样次数多了，很快就能掌握选茶关键之所在。

◎汤色

不同的茶类有不同的色泽特点。绿茶的汤色应呈浅绿或黄绿色，清澈明亮；汤色若呈暗黄色或混浊不清，定不是好茶。红茶的汤色以红艳明亮为佳，有些上品工夫红茶，其茶汤可在茶杯内壁四周形成一圈黄色的油环，俗称"金圈"；若汤色暗淡，混浊不清，必是下等红茶。

◎香气

通过嗅茶叶冲泡后散发的香气,可以评判茶叶的优劣。先将茶叶用开水冲泡五分钟,然后倾倒茶汁于碗内,嗅其香气,以花香、果香、蜜糖香等香气为佳。若有烟、馊、霉、老火等气味,往往是制造过程中出了问题或包装贮藏不良所致。

茶叶本身都有香味。如绿茶有清香,上品绿茶有兰花香、板栗香等;红茶有清香、甜香或花香;乌龙茶有熟桃香;花茶更是以浓香吸引茶客。若香气低沉,定为劣质茶;有陈气的为陈茶;有霉气等异味的为变质茶。

◎滋味

茶叶本身的滋味包含苦、涩、甜、鲜、酸等很多种。其所含成分比例得当,滋味就鲜醇可口。不同的茶类滋味也不一样。上等绿茶初尝有苦涩感,但回味浓醇,人饮口舌生津;粗茶、老茶、劣茶则淡而无味,甚至涩口、麻舌。上等红茶滋味浓厚、强烈、鲜爽,低级红茶则平淡无味。苦丁茶入口是苦的,但饮后口有回甜。

◎叶底

叶底是茶叶品评的一个常用术语,亦称茶渣。想要鉴别叶底的软硬、薄厚和老嫩程度,除可用目光观察外,还可用手指按压、用牙齿咀嚼等。一般来说,好的茶叶叶底柔软匀整、色泽明亮,叶形较均匀,叶片肥厚。

新茶一定比陈茶好吗?

通常我们把当年采摘的茶叶称为新茶,把非当年采摘的茶叶称为陈茶。拿绿茶来说,新茶干茶鲜绿,有光泽,汤色呈碧绿色,有浓厚的茶香,滋味甘醇爽口,叶底鲜绿明亮;陈茶的外观发黄,暗淡无光泽,汤色呈深黄色,香气偏弱,口感也较差,叶底亦暗杂。

有些人认为新茶一定比陈茶好,并以此作为判断茶叶品质优劣的标准之一。其实这个标准不是绝对的,要因茶而异。多数情况下,新茶的品质比陈茶好,尤其是绿茶;但是对于某些茶,陈茶的品质反而更好,例如普洱茶等,普洱茶圈还有"存新茶喝旧茶""越陈越贵"的说法。因此评价新茶与陈茶品质时,要看是针对哪一种茶。

另外一点需要注意的是,即使是陈茶品质更好的种类,也不是说存放的时间越长越好,且存放时一定要注意存放环境,在合适的储存条件下,一些茶的品质才会朝好的方向转化。

选水

宋徽宗赵佶曾在《大观茶论》中写道:"水以清、轻、甘、冽为美。轻甘乃水之自然,独为难得。"后人在他提出的"清、轻、甘、冽"的基础上又增加了个"活"字。

古人大多选用天然的活水泡茶,最好是泉水、山溪水,无污染的雨水、雪水次之,接着是干净的江水、河水、湖水、深井中的活水,切不可使用池塘死水。陆羽在《茶经》中指出:"其水,用山水上,江水中,井水下。其山水拣乳泉、石池漫流者上,其瀑涌湍漱,勿食之。"用不同的水冲泡出的茶滋味是不一样的,只有佳茗配美泉,才能体现出茶的真味。

明代戏曲作家张大复在《梅花草堂笔谈》中写道:"茶性必发于水,八分之茶,遇十分之水,茶亦十分矣。"水是茶的载体。没有水,茶的色、香、味无法体现;没有好的水,茶的色、香、味也会大打折扣。

一些书籍里讲到,有些文人雅士品茶时,常会取清晨积在花瓣上的露珠、冬日洁净梅花上的积雪,煮后泡茶。《红楼梦》中,妙玉最为爱茶,她认为煮茶的水比茶本身还要重要。《红楼梦》第四十一回,她献给贾母的茶,是用前一年从花朵上收集的纯净雨水泡的;请黛玉、宝钗喝的茶,是用从梅花上取下的存了五年的雪水泡的。现在环境质量下降,污染严重,我们如果要喝茶,肯定不能用花瓣上的雨水或是雪水来泡。大部分人也没有条件享受天然的泉水。但是对于泡茶的水,我们还是要精心选择,而不是随意地选用自来水。

我们可以从水质、水体、水味、水温、水源这五个方面来判别水的优劣。

1. 水质要清。水清则无杂、无色、透明、无沉淀物,最能显出茶的本色。

2. 水体要轻。水的比重越大,说明其中溶解的矿物质越多。有实验结果表明:当泡茶的水中的低价铁超过 0.1 毫克 / 升时,茶汤发暗,滋味变淡;铝含量超过 0.2 毫克 / 升时,茶汤便有明显的苦涩味;钙离子达到 2 毫克 / 升时,茶汤带涩,达到 4 毫克 / 升时,茶汤变苦;铅离子达到 1 毫克 / 升时,茶汤味涩而苦,且有毒性。所以水以轻为美。

3. 水味要甘。"凡水泉不甘,能损茶味。"所谓水甘,指的是水一入口,舌尖顷刻便会有甜滋滋的美妙感觉，咽下去后，喉中也有甜爽的回味。用这样的水泡茶自然会使茶更好喝。

4. 水温要冽。冽即冷寒之意。明代茶人认为，"泉不难于清，而难于寒""冽则茶味独全"。因为寒冽之水多出于地层深处的泉脉之中，所受污染少，泡出的茶汤滋味更纯正。

5. 水源要活。流水不腐。现代科学证明细菌在流动的活水中不易繁殖，同时活水有自然净化作用，活水中的氧气含量较高，泡出的茶汤鲜爽可口。

四种适茶好水

温泉水

产地：日本

　　产自日本鹿儿岛的温泉水是极其柔软的饮用水。特殊的形成方式使此水有很强的渗透力，用来泡茶能很好地激发出茶味，而且用来冷泡绿茶也很合适，能比较好地保持茶叶清新的味道。

帕米尔天泉

产地：中国新疆维吾尔自治区

　　此水的口感类似牛奶、黄油，厚实的水体滑过喉咙时，会带给人柔滑的感觉。因为其水分子团很小，所以用它来泡茶，能够最大限度地让水与茶融合，使茶味更好地释放。

爱斯菲尔天然冰河水

产地：加拿大

　　该水的水源地在加拿大温哥华岛国家自然保护区内，该地人迹罕至，没有污染。降落在高山上的雨雪经年累月地渗透到地下，形成冰河层，人们喝这种涌出的冰河水时会有甘甜清冽的感觉，这种水自然是泡茶用水的好选择。

安蒂波德斯矿泉水

产地：新西兰

　　有"神仙水"之称的Antipodes（安蒂波德斯）天然矿泉水取自新西兰火山地带，初味稍咸，余味清爽，入喉绵软，令人回味无穷。

配具

古人品茶,不仅重鉴茶,也重备具。"清泉、佳茗、名具"的组合是爱茶人的一致追求,正所谓"良具益茶,恶具损味"。品茶自古以来就是一门追求精巧、力臻雅致的艺术行为,既然是艺术,就要追求完美。因此,要想品出茶滋味,就一定要重视那些案上茶具。

茶具种类众多,根据使用功能分类的话,大致可分为四类:主泡器、辅泡器、备水器、储茶器。主泡器主要有壶、盅、杯、盘等,辅泡器主要有茶荷、茶巾、茶匙、养壶笔等,备水器主要有煮水器、热水瓶等,储茶器为存放茶叶的器皿。

茶具材料多种多样,造型千姿百态,纹饰样式繁多。究竟如何选用,要根据各地的饮茶风俗习惯、饮茶者的审美情趣以及品饮的茶类和环境而定。如东北、华北一带的人多数用较大的瓷壶泡茶,然后斟入瓷碗饮用。江苏、浙江一带的人除用紫砂壶外,还习惯用有盖瓷杯直接泡饮,也有用玻璃杯直接泡茶的。四川一带则喜用瓷制的盖碗饮茶。

茶与茶具的关系甚为密切,好茶必须用好茶具冲泡,才能相得益彰。茶具的优劣,对茶汤质量和品饮者的心情会产生直接影响。一般来说,在现在常用的各类茶具中,瓷质茶具、陶质茶具最好,玻璃茶具次之,搪瓷茶具再次之。瓷器传热不快,保温功能适中,与茶不会发生化学反应,用它沏出的茶色、香、味俱佳,而且瓷器造型美观、装饰精巧,具有艺术欣赏价值。陶质茶具造型雅致,色泽古朴,特别是宜兴紫砂为陶中珍品,用来沏茶能保持茶本身的香气和汤色,且保温性好,即使是在夏天,茶汤也不易变质。

| 茶具的材质 |

◎陶土茶具

陶土茶具中最具有代表性的是宜兴制作的紫砂陶茶具。宜兴的陶土黏力强而抗烧。用紫砂茶具泡茶，既不夺茶香，又无熟汤气，能较长时间保持茶叶的色、香、味。

宜兴紫砂壶始于北宋，兴盛于明、清。它造型古朴，色泽典雅，光洁无瑕，精美之作贵如鼎彝，有"土与黄金争价"之说。明代紫砂壶大师时大彬制作的小壶典雅精巧，作为点缀于案几的艺术品，可以增添品茗的雅趣。他制作的调砂提梁大壶呈紫黑色，珠粒隐现，气势雄健，清爽利索，是古朴雄浑的精品。

紫砂壶质地致密，又有肉眼看不见的气孔，能吸附茶汁，蕴蓄茶味。正因为紫砂壶有这样的特点，所以用紫砂壶泡茶时，最好一件茶具只泡一种茶，以免影响茶的味道。

◎瓷质茶具

我国的瓷质茶具产生于陶器之后，分为白瓷茶具、青瓷茶具和黑瓷茶具等几个类别。

白瓷茶具

白瓷茶具具有坯质致密透明，无吸水性，音清而韵长等特点。因色泽洁白，能反映出茶汤色泽，传热、保温性能适中，加之色彩缤纷，造型各异，堪称饮茶器皿中的珍品。早在唐朝时，河北邢窑生产的白瓷器具已"天下无贵贱通用之"。唐朝白居易还作诗盛赞四川大邑生产的白瓷茶碗。白瓷价格适中，适合冲泡各类茶叶。

白瓷茶具具有浓厚的历史文化底蕴，而且造型精巧，装饰典雅，其外壁多绘有山川河流、花草、飞禽走兽、人物故事，或缀以名人书法，具有非常高的艺术欣赏价值。

青瓷茶具

青瓷茶具主要产于浙江、四川等地。浙江龙泉青瓷以造型古朴稳健、釉色青翠如玉著称于世，是瓷器百花园中的一朵奇葩，被人们誉为"瓷器之花"。龙泉青瓷产于浙江西南部龙泉市境内，这里是我国历史上瓷器的主要产地之一。南宋时，龙泉已成为全国最大的窑业中心，其优良产品不但在民间使用广泛，也是当时对外贸易交换的主要物品之一。特别是艺人章生一、章生二兄弟俩的"哥窑""弟窑"生产的产品，无论是釉色还是造型都达到了很高的水准。哥窑被列为"五大名窑"之一，弟窑被誉为"名窑之巨擘"。

黑瓷茶具

黑瓷茶具产于浙江、四川、福建等地。在宋代，斗茶之风盛行，由于黑瓷茶盏古朴雅致，风格独特，而且瓷质厚重，保温性较好，因此为斗茶行家所珍爱。北宋的蔡襄在《茶录》中写道："茶色白宜黑盏。"四川的广元窑烧制的黑瓷茶盏，其造型、瓷质、釉色和兔毫纹与福建产的黑瓷茶盏不相上下。浙江余姚、德清一带也生产过漆黑光亮、美观实用的黑釉瓷茶具，其中最流行的是一种鸡头壶，即茶壶的嘴呈鸡头状。日本东京国立博物馆至今还珍藏着一件"天鸡壶"。

◎玻璃茶具

玻璃茶具质地透明，外形可塑性强，形态各异，品茶、饮酒皆可用，因而备受青睐。用玻璃茶杯（或玻璃茶壶）泡茶，尤其是冲泡各类名优茶时，茶汤的鲜艳色泽，朵朵叶芽上下浮动、叶片逐渐舒展等景象一目了然，可以说是一种动态的艺术欣赏，别有情趣。玻璃茶具物美价廉，很受消费者的欢迎，但其缺点是易碎，隔热效果一般，容易烫手。有一种名为钢化玻璃的经过特殊加工的制品，牢固度较好，人们通常在出行和就餐时使用这种制品。

◎金属茶具

金属茶具是用金、银、铜、锡等制作的茶具，古已有之，尤其是用锡做的贮茶器优点明显。锡罐贮茶器多制成小口长颈，盖为圆筒状，密封性较好，因此防潮、防氧化、避光、防异味性能好。唐代宫廷中曾有用金属制作饮茶用具的做法。1987年5月，在我国陕西省扶风县皇家佛教寺院法门寺的地宫中，挖掘出大批唐代宫廷文物，其中有一套晚唐僖宗皇帝李儇少年时使用的银质鎏金烹茶用具，共计11种12件。这是迄今为止发现的最高级的古茶具实物，堪称国宝。这反映了唐代宫廷中饮茶器具已十分豪华。到了现代，随着科学技术的进步，金属茶具基本上已销声匿迹。

茶具的种类、选择与使用

◎茶壶

"器为茶之父，壶为器之王。"茶壶由壶盖、壶身、壶底和圈足四部分组成。茶壶的材质丰富，样式繁多。常见的茶壶有紫砂壶、瓷壶、玻璃壶等。

[选择] 好的茶壶有以下特征：壶盖与壶身贴合紧密，出水流畅，壶心稳，提壶顺，无渗漏，无异味、杂味，耐冷热。

泡不同的茶叶时分别应该选择哪一种茶壶？

古有"器为茶之父"一说，泡不同的茶叶时要选用不同的茶壶。泡重香气的茶要选用硬度较高的瓷壶或玻璃壶，如冲泡西湖龙井、洞庭碧螺春、黄山毛峰、庐山云雾等细嫩的名优茶。壶身宜小不宜大，大则水量大、热量大，易使茶芽被泡熟、茶汤变色。泡重滋味的茶则要选用硬度较低的紫砂壶，如泡乌龙茶、枝叶粗老的云南普洱茶等时，使用紫砂壶更能泡出高品质的茶汁。

从个人情趣出发，在不同季节品不同的茶，应配置相应的茶壶。如春季适合饮花茶，就配置瓷壶；夏季适合饮绿茶，就配置玻璃壶；秋季适合饮乌龙茶，就配置紫砂壶；冬季适合饮红茶，就配置白瓷壶。

◎壶承

壶承是放置茶壶的器具，可以承接溅出的茶水，使桌面保持干净。相比于茶盘、茶船，壶承更为小巧，一般与茶壶底差不多大或略大。采用"干泡法"（即不淋壶）时，可以选择将茶壶放置在壶承上。

根据质地不同，壶承可以分为紫砂壶承、陶土壶承、瓷质壶承等几种。紫砂壶承的透气性好；陶土壶承的表面容易附上茶汁，用完需及时清洗；瓷质壶承用起来方便，容易清洗。

◎盖置

盖置又叫盖托，是泡茶的过程中用来放置壶盖的器具。陶瓷制品比较实用，竹制品、木制品遇水比较容易裂，不好保养。

◎杯托

杯托主要是在奉茶时用来盛放茶杯的器具，还可以防止杯底的水溅湿茶桌、茶杯烫坏桌面等。

[选择]杯托的材质主要有竹、木、瓷、陶等几种，可根据茶杯的材质选择杯托的材质。

[使用]使用后的杯托要及时清洗，用木质和竹质杯托时，清洗后还应及时晾干。

◎茶海

茶海是用树根，经过工艺加工制成的用于煮茶、品茶的器具。充满智慧的劳动人民将茶的冲饮流程与古老的根艺家具相结合，既方便了煮茶、品茶，又展现了我国古老的根雕艺术。

[选择]好的茶海一般都是用大型的树根制作而成的，属于根雕艺术的一种，具有很高的艺术价值和欣赏价值。因为取材于自然，所以也有人说，好的茶海没有两个是完全相同的。现在茶海已经有了很多的材质，如陶、瓷、玻璃、竹、木、塑料等，大家可以根据环境、茶具材质、个人喜好等来选择。

[使用]茶海下层的盛水容器有一个流水的小孔，接上管子可以把水直接排出去。

◎茶碟

茶碟为盛放茶杯的器具，形状与盘子相似，较之更小、扁、浅。碟是指有围边的小盘，盘中央有一个圈，这个圈可以保护放在其上的茶杯，使杯子和杯底契合，不易晃动。

[选择]茶碟与茶杯应相配套。

[使用]将茶杯放于碟中的小圈中，轻拿轻放，这样既可使杯子不易晃动，又可显优雅与情致。

◎茶盘

茶盘是盛放茶壶、茶杯、茶宠以及茶食等物的浅底器皿。茶盘采制广泛，款式多样，形状不一，有单层的也有夹层的，夹层主要用来盛放废水。夹层有抽屉式的，也有嵌入式的。

[选择]宽、平、浅为选择茶盘的三字要诀，即盘面要宽，以尽量能够多放茶杯为宜，方便客人多时使用；盘底要平，以保持茶杯的平稳，使茶水不易被晃出；边要浅。其制作原材料有很多，其中金属茶盘最为方便耐用，竹制茶盘最为清雅相宜，最时髦、实用的是电茶盘。

[使用]端茶盘时一定要将盘上的壶、杯等茶具拿下，以免失手甩掉盘上的器具。

◎茶荷

茶荷是盛放待泡干茶的器皿，一般用竹、木、陶、瓷、锡等制成。外形也很多样，有圆形的、半圆形的、弧形的等。

[使用]茶荷是置茶的用具，既实用又可充当艺术品，一举两得。冲茶前，先把茶叶放在茶荷中，以便欣赏茶叶的色泽和形状，并据此评估冲泡方法及茶叶量多寡，之后再将茶叶倒入壶中。取放茶叶时，手不能直接与茶叶接触。应用拇指和其余四指分别捏住茶荷两侧，将茶荷置于虎口处，并用另外一只手托住底部，以供客人仔细欣赏茶叶的条索和色泽。

◎品茗杯

品茗杯是盛放茶汤的器具。

[选择] 一般来说，喝不同的茶应选择不同的品茗杯，如为了充分欣赏绿茶细嫩的外形、内质，适宜选用玻璃杯；为便于欣赏普洱茶的茶汤颜色，适宜选用杯子内壁为白色或浅色的瓷杯。

[使用] 用拇指和食指轻轻地捏住杯身，用中指托着杯底，收好无名指和小指，即可持杯品茶。"品"是有讲究的，既不能豪饮如牛，也不能细啜如鼠。一杯香茗，应该三口饮尽。第一口，将品茗杯置于唇舌之间，用舌尖轻沾茶水，让舌尖蓓蕾接触茶，然后用鼻孔吸气，充分感受茶的香气；第二口，喝半杯茶，让口腔和喉咙充分感受茶的苦甘味，品味余甘；第三口，一饮而尽，喉咙余甘重来。这样的饮法讲究的是先苦后甜，象征着人生。

◎盖碗

盖碗又称"三才碗""三才杯"，是一种上有盖、下有托、中有碗的茶具。泡盖碗茶，须先用开水冲一下碗，然后放入茶叶，盛水加盖。冲泡时间依茶叶数量和种类而定，为 20 秒至 3 分钟不等。

[选择] 凡深谙茶道的人都知道，品茗特别讲究"察色、嗅香、品味、观形"。用盖碗泡茶，可以观赏茶叶的外形、汤色，茶杯不易滑落，手持茶碟也不会烫到手，用碗盖在水面刮动还可调节茶水的浓淡。盖碗的材质有瓷、紫砂、玻璃等，以各种花色的瓷盖碗为多。

[使用] 用盖碗品茶时，碗盖、碗身、碗碟三者不可分开使用，否则既不礼貌也不美观。品饮时，揭开碗盖，可先嗅盖香，再闻茶香，然后用碗盖拨开漂浮在茶汤表面的茶叶，最后饮用。

◎公道杯

公道杯主要是用来盛放泡好的茶汤的。虽然茶汤从壶中倒出的时间总共只有短短数秒，但刚开始倒出来的茶汤和最后倒出来的在浓淡方面会有一定的差异。为避免浓淡不均，可以先把茶汤全部倒入公道杯，再分置于杯中，以保证各杯中的茶汤浓度一致。

[选择] 公道杯的材质多种多样，常见的有瓷、紫砂、玻璃，其中瓷公道杯和玻璃公道杯较为常用。有的公道杯还带把柄或者过滤网，比较实用。

[使用] 待茶壶内的茶汤浸泡至适当浓度后，将茶汤倒入公道杯，再分别倒入各个小茶杯。最好选用带把柄的公道杯，这样可以防止烫伤手。此外，建议选用玻璃质地的公道杯或是杯内为白色胎体的公道杯，这样便于观察茶汤。

◎茶洗

茶洗原本是用来洗茶的工具，是潮州工夫茶茶具中的一种，翁辉东在《潮州茶经·工夫茶》一书中写道："烹茶之家必备三个，一正二副。正洗用以浸茶杯，副洗一以浸冲罐，一以储茶渣暨杯盘弃水。"如今，茶洗已成为许多爱茶之人茶桌上不可或缺的道具。

[选择] 如今，茶洗的样式有很多，以大碗状较为常见。大家可以根据环境以及茶杯的样式、大小、数量等来选择茶洗。

[使用] 茶洗的用途有以下几种：泡茶时，将茶杯置于茶洗中，以便用开水烫杯；平时，将干净的茶杯放在茶洗中，以备人数较多的场合使用；将用过的茶杯放到茶洗中，加足够的水浸泡，这样可以避免留下茶渍，便于清洗；还可以与茶桌上的其他茶具搭配，或者用来插花、装果盘等。

◎过滤网和滤网架

过滤网又称为茶滤、滤网，用途是将茶叶和茶汤分离开。滤网架是承放过滤网的架子。过滤网和滤网架一般配套使用。

[选择]过滤网多用铝、陶、瓷、竹、木等材料做成。铝质的比较耐用，但是不够美观。陶、瓷的比较常用，但使用时要小心，不要磕碰、打碎过滤网。过滤网的网面一般是布的，也有铝制的，一般布的要比铝制的过滤得更干净。

[使用]泡茶时，将过滤网放在公道杯杯口或茶杯杯口，用来过滤茶渣，这样可以使茶汤更加清澈、透亮。不用过滤网时要把它放回滤网架上。使用过滤网时，要让过滤网的把柄与公道杯的把柄平行。用过的过滤网要及时清洗。铁质的滤网架容易生锈，因此不宜将其长时间浸泡在水中，用完要注意及时清洗、擦干，没有滤网架时可以用小盘或盖子放置过滤网。

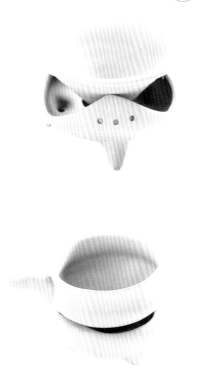

◎茶道具

茶道具主要有六件，分别是茶筒、茶匙、茶漏、茶针、茶则、茶夹，称为"茶艺六君子"。

[选择]茶道具的质地多为木质，有紫檀木、鸡翅木、绿檀木、铁梨木等，其中以紫檀木为最佳，但是价格比较昂贵。另外，有很多茶道具是外面包一层皮来冒充好材质的，购买时要注意鉴别，材质好的实木一般掂起来会比较有分量。按外形分，茶筒有葫芦形的、筒形的等几种，选购时可以依据个人喜好来挑选。

[使用]茶道具是泡茶时的辅助用具，使用茶道具可以使整个泡茶过程更雅观、讲究。在取放茶道具时，不可手持或触摸会接触到茶的部位。

·茶匙·

茶匙也称茶铲、茶勺，其主要用途是将干茶叶从茶荷拨到泡茶的器皿内（茶壶或者茶杯）。

·茶漏·

把茶漏放在壶口上，可以防止放置茶叶时茶叶外漏。

·茶针·

茶针用于疏通壶嘴，以保持水流畅通。

·茶则·

茶则可用于从茶罐中取出茶叶，也可用于盛放茶叶，将茶叶展示给品茶者看。

·茶夹·

茶夹也称为茶筷，用于将茶渣从壶中夹出。也常有人拿它来夹着茶杯洗杯，这样防烫又卫生。

·茶筒·

茶筒是盛放其他五件茶道具的器皿，也叫底座。

◎茶巾

茶巾又称为茶布，是用麻、棉等纤维制成的。茶巾是清洁用具，可以用来擦拭茶具上的水渍、茶渍，尤其是壶、杯等物品侧面、底部的水渍和茶渍。茶文化是一种休闲文化，各处讲究外观与细节，和茶相关的器物都以精致、小巧为佳，茶巾也是如此。

讲究而内行的人喝茶时，桌上不会出现脏的东西，因此茶巾所起的作用只是擦干水而已。附着在茶巾上的除了清水，便是茶水，最多是茶叶或茶渣。所以，与其他毛巾不同，茶巾不会显脏，更不会有异味。

[选择]

茶巾按材质来分，可分为棉布、麻布等几种，购买时可拿样品试用一下，应挑选吸水性较好的茶巾使用。茶巾的花色有印花的和素色的两种，可以根据茶桌颜色和个人的喜好来选择。

[使用]

使用茶巾时，应将拇指放在上面，其余四指在下托起茶巾。用左手拿茶巾，右手持茶具，再用茶巾擦拭茶渍、水渍等。

[清洗方法]

1.针对刚沾上茶渍的茶巾，可立即用70～80℃的热水洗涤，便可洗净。

2.针对有旧茶渍的茶巾，可用浓盐水浸洗，或用氨水与甘油混合液（1：10）揉洗。不可用氨水洗丝制品和毛织物，针对这两种材质的茶巾，可先用浓度为10%的甘油溶液揉搓，再用洗涤剂洗，然后用水冲净。茶巾不宜暴晒，以免变硬。

[折叠方法]

首先将茶巾等分成三部分，先后向内折，再等分成三部分重复以上动作。也可将茶巾等分成四部分，分别向内对折，再等分成四部分，并分别向内对折，最后再对折一次即可。（图1～8）

◎养壶笔

养壶笔形似毛笔，是养壶及护理高档茶盘的专用笔，经常被用来刷洗紫砂壶的外壁，和紫砂壶配套使用。

[选择]养壶笔的笔头一般是用动物的毛制作而成的，笔杆一般是用牛角、木、竹等制成的。选购时需注意，养壶笔笔头的毛不能有异味，且必须牢固，否则容易脱落。

[使用]养壶笔可用来刷茶叶碎、清洁茶壶死角，还可用来养壶。用养壶笔将茶汤均匀地刷在壶的外壁，使壶的每一面都能接受到茶汤的洗礼，这样可以让壶的表面保持油润、光亮、美观。养壶笔用完后要及时清洗，并把笔头的水控干。现在很多爱茶之人也用养壶笔来养护茶宠。

◎茶刀

茶刀又名"普洱刀"，是用来撬取紧压茶叶的工具，如撬取普洱饼茶、砖茶、沱茶等。

[选择]茶刀的质地有竹子、金属等几种，还有用动物比较坚硬的骨、角制成的茶刀。其中以金属茶刀比较常见。

[使用]使用时，正确的方法是将茶刀从茶饼或者茶砖的侧边插入，向里或往外撬。茶饼和茶砖都是一层层压制的，茶刀的作用是"解开"茶饼或茶砖。通俗而且形象的说法是"剥茶"，即把茶剥下来，注意不是砍，不是切，更不是剁。用茶刀的最大好处是，剥茶时可以最大限度地减少解茶饼过程中产生的碎茶。多数茶刀都比较锐利，使用时务必注意安全，用力时，使刀尖的方向朝外，不要对内，以免割伤手。

◎茶宠

茶宠又称茶玩，顾名思义就是用茶水滋养的"宠物"，多是用紫砂或澄泥烧制的陶质工艺品。有些茶宠制作工艺精湛，具有很高的收藏价值。还有些茶宠有中空结构，浇上热水后会产生吐泡、贵水的有趣现象。茶宠有一个共同的特点，那就是只有"嘴"，没有"肛门"。这决定了它"吃"东西只能进不能出，人们以这种方式来表达"财源广进，滴水不漏"的中华传统生财理念。

[选择] 常见的茶宠造型有金蟾、貔貅、辟邪，寓意招财进宝、吉祥如意。

[使用] 喝茶时，可以用茶巾蘸茶汤擦茶宠或将茶水直接淋在茶宠上，这样时间久了，茶宠就会温润可人，茶香四溢。茶宠并不是只能用普洱茶养，但用普洱茶养更容易出效果。

使用时，还要注意以下两点：

①宜选择大小适中的茶宠，不要选太大的。

②养茶宠的过程中，需用茶水浇灌，不要用白水，这样茶宠摸上去才会有温润顺滑的手感。

◎茶叶罐

茶叶罐是用来贮存干茶叶的容器。

[选择]

1. 木质茶叶罐

木质茶叶罐密封性能较好，价格适中，适合一般家庭贮存茶叶使用。

2. 纸质茶叶罐

纸质茶叶罐密封性能一般，价格低廉，适合大众家庭使用，但不宜用这种茶叶罐存放较名贵的茶。将茶叶放在纸质茶叶罐中后，要尽快将茶叶饮完，不宜将茶叶长时间存放在里面。

3. 不锈钢茶叶罐

这种茶叶罐密封性能较好，价格适中，防潮、防光性能较好，适合一般家庭贮藏茶叶使用。

4. 锡质茶叶罐

锡质茶叶罐密封性能佳，防光、防潮、防异味性能好，适合用来贮藏比较名贵的茶叶，但价格偏高。

5. 竹质茶叶罐

竹质茶叶罐密封性能一般，价格适中，适合用来存放中低档的茶叶。

6. 陶瓷茶叶罐

陶瓷茶叶罐密封性能一般，防光、防潮性能好，缺点是不耐用，不小心的话容易摔碎。

7. 铁质茶叶罐

铁质茶叶罐密封性能一般，防光性能较好，防潮性能较差，时间长了，还有可能生锈，因此不适宜用来存放名贵茶叶。

[使用]应将茶叶罐置于阴凉处，不要放在会被阳光直射、有异味、潮湿、有热源的地方。为了提高密封性，可以在装好茶叶后，用胶带再进行一次封口。考虑到需要经常取用的情况，建议用容量小一点的茶叶罐。

在使用紫砂和陶制的茶叶罐前，最好先用茶汤洗一次再晾干，或者先将不喝的茶叶放在里面一段时间，去除茶叶罐本身的陶土味后再用来储藏茶叶。

泡煮

中国茶人崇尚一种妙合自然、超凡脱俗的生活方式,饮茶、泡茶即是如此。茶生长于山野峰谷之间,泉出没在深壑岩罅之中,两者皆孕育于青山秀谷,成为一种远离尘嚣、亲近自然的象征。茶重洁性,泉贵清纯,这些品质都是人们所追求的。人与大自然有割舍不断的缘分。名家煮泉品茶所追求的是在宁静淡泊、淳朴率直中寻求高远的意境和"壶中真趣"。在淡中有浓、抱朴含真的泡茶过程中,人们实现了一种高层次的审美追求。今天的很多人难以理解喝杯茶为什么要如此讲究,那是因为中国古老的茶道形式和内容多已失传,许多人甚至不知中国有茶道,不知茶有所谓"雀舌、旗枪""明前、雨前"之分,水有惠山泉水、扬子江心水、初次雪水之别,品茶还要讲人品和环境协调,领略清风、松涛、竹韵、梅开、雪霁等。凡此种种,尽在一具一壶、一品一饮、一举一动的微妙变化之中。下面就为大家介绍常见的煮茶、泡茶方式。

　　泡茶有很多讲究,不同的地方泡茶的方法虽有不同,但基本要求是一样的,其中很重要的一点是,为了将茶叶的色、香、味充分地冲泡出来,使茶叶的营养成分尽量被饮茶者吸收,应注意茶与水的比例。一般来说,茶与水的比例根据茶叶的种类及嗜茶者自身的情况等而有所不同。嫩茶、高档茶用量可少一点,粗茶的用量应多一点,乌龙茶、普洱茶等的用量也应多一点。嗜茶者喝红茶、绿茶时,茶与水的比例一般为 1 ∶ 50 ~ 1 ∶ 80,即若放 3 克茶叶,则应加入 150 ~ 240 毫升水,以此类推;普通的饮茶人可将茶与水的比例控制在 1 ∶ 80 ~ 1 ∶ 100。喝乌龙茶时,茶叶用量应增加,茶与水的比例以 1 ∶ 30 为宜。用白瓷杯泡茶时,每杯可投茶叶 3 克,加入 250 毫升水;用一般的玻璃杯时,每杯可投放茶 2 克,加入 150 毫升水。

　　下面介绍两种传统泡茶法以及几种现在常见的泡茶法。

| 传统泡茶法 |

◎煮茶法

　　直接将茶放在釜中煮熟,是我国唐代以前最普遍的泡茶法,其过程大体是:首先将茶饼研碎,然后将精选的水置于釜中,以炭火烧开,但不能全沸。再加入茶末,茶与水交融,二沸时出现沫饽,沫为细小茶花,饽为大花,此时将沫饽舀出,置于水盂之中。继续烧煮,茶与水进一步融合,至波滚浪涌,称为三沸。茶汤煮好后,将其均匀地斟入每只碗中,包含雨露均施、同分甘苦之意。

◎点茶法

　　此法为宋代斗茶所用,茶人自吃亦用此法。此法不直接将茶煮熟,而是先将茶饼碾碎,置于碗中待用。以釜烧水,水微沸初漾时即冲点入碗。但茶末与水同样需要交融于一体,于是一种工具应运而生,这就是“茶筅”。茶筅是打茶的工具,有金制的、银制的、铁制的、竹制的,以竹制的为主,文人美其名曰“搅茶公子”。将水倒入茶碗后,需以茶筅用力搅拌,这时水茶交融,渐起沫饽,“潘潘然如堆云积雪”。茶的优劣,以沫饽出现是否快、水纹露出是否慢来评定。

工夫泡茶法

　　工夫茶起源于宋代，在广东的潮州府（今潮汕地区）及福建的漳州、泉州一带最为盛行。苏辙有诗曰："闽中茶品天下高，倾身事茶不知劳。"品工夫茶是潮汕地区很有名的风俗之一，在潮汕本地，家家户户都有工夫茶具，每天必定要喝上几轮。即使是侨居海外的潮汕人，也仍然保留着品工夫茶的习惯。可以说，有潮汕人的地方便有工夫茶的影子。

　　工夫茶以浓度高著称，初饮易嫌其苦，习惯后则嫌其他茶不够滋味了。泡工夫茶用的是乌龙茶，如铁观音、凤凰水仙等。乌龙茶介于红茶、绿茶之间，为半发酵茶，只有这类茶才能冲出工夫茶所要求的色、香、味。

　　欲饮工夫茶，须先有一套合格的茶具。茶壶（潮州人称之为"冲罐"）一般是陶制的，以紫砂壶为最优。壶为扁圆鼓形，长嘴长柄，很是古雅，有两杯壶、三杯壶、四杯壶之分。将壶倒置在桌上，若其口、嘴、柄均着桌且可连成直线，则为好茶壶。优者若置水中，则平稳不沉。精巧别致、洁白如玉的小茶杯，直径不过5厘米，高只有2厘米，又分寒暑两款。寒杯口微收，取其保温性；暑杯口略翻飞，易散热。

◎泡工夫茶的八个步骤

1. 治器

治器包括起火、掏火、扇炉、洁器、候水、淋杯六个动作。好比太极拳中的"太极起势"，治器是一个预备阶段。起火后大约十几分钟，烧水壶中就飕飕作响，当声音突然变小，就是鱼眼水（即快要沸腾、锅底开始冒小泡的水）将成之时，此时应立即将烧水壶提起，淋罐淋杯，再将烧水壶置于炉上。

2. 纳茶

打开茶叶罐，把茶叶倒在一张洁白的纸上分辨粗细，先把最粗的放在壶底，再将细末放在中层，最后将一般粗细的放在上面。这样做是因为细末泡出的茶汤是最浓的，细末多了茶味容易过苦，同时也容易塞住壶嘴。分粗细放好，就可以使茶汤更均匀，使茶味逐渐散发。

纳茶时，以茶壶为准，每一泡茶的茶叶体积应为茶壶容量的十分之七。如果茶叶太多，不但泡出的茶太浓，味带苦涩，而且好茶叶多是嫩芽紧卷，经沸水冲泡舒展开后，会变得很大，连水也冲不进去了。但是，茶叶的量太小也不行，茶汤会没有味道。

3. 候汤

《茶说》云："汤者茶之司命，见其沸如鱼目，微微有声，是为一沸。铫缘涌如连珠，是为二沸。腾波鼓浪，是为三沸。一沸太稚，谓之婴儿沸；三沸太老，谓之百寿汤；若水面浮珠，声若松涛，是为二沸，正好之候也。"《大观茶论》中也有记载："凡用汤以鱼目蟹眼连锋进跃为度。"

4. 冲茶

当水二沸时，就可以提壶冲茶了。揭开茶壶盖，将滚汤环壶口、沿壶边冲入，切忌直冲壶心（如用盖碗，同样忌直冲碗心）。冲茶时宜将壶提高，正所谓"高冲低斟"，这样可以使沸水有力地冲击茶叶，使茶的香味更快散发。

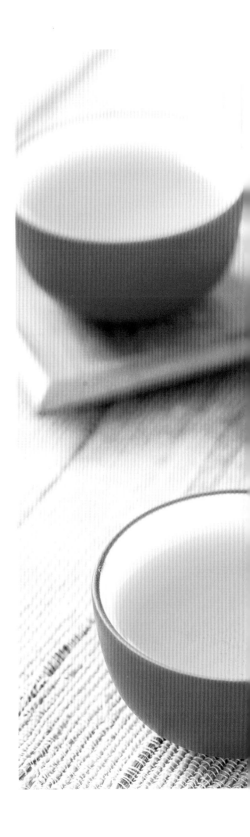

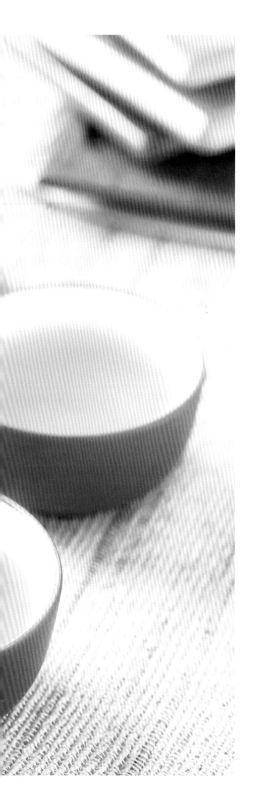

5.刮沫

泡茶时，冲水一定要满。若是好茶，水加满后茶沫浮起，但决不溢出（冲水过猛、过多致水溢出壶面不算）。此时应提壶盖，轻轻刮去壶口的茶沫，盖定。

6.淋罐

盖好壶盖，再以滚水淋于壶上，谓之淋罐。淋罐有两个作用：一是追加热气，使热气内外夹攻，逼使茶香迅速散发；二是可冲去壶外茶沫。

7.烫杯

曾有一位喝茶专家到处总结喝茶的经验，在喝了工夫茶后，他说："工夫茶的特点就是一个'热'字。"从煮汤、冲茶到饮茶都离不开这一个字。烫杯在淋罐之后，用沸水烫杯时要注意，沸水要直冲杯心。老手可以同时用两手洗两个茶杯，动作迅速，姿态优美。杯洗完了，再把杯中之水倾倒入茶盘。这时，茶壶外面的水分也刚刚好蒸发完了，正是茶熟之时。老手于此，丝毫不差。

8.倒茶

泡茶的最后一道工序就是倒茶。倒茶也有四字要诀：低，快，匀，尽。

"低"就是前面提及的"高冲低斟"的"低"。倒茶切不可高，高则香味散失，泡沫四起，对客人极不尊敬。

"快"也是为了使香味不散失，且可保持茶的热度。

"匀"是指倒茶时必须像车轮转动一样，一杯杯轮流倒，不可倒完一杯再倒下一杯，这样可以使每一杯茶同色、同香、同量。

"尽"就是不要让余水留在壶中。第一泡还可以留一点，第二、三泡切记不可留。倒完以后，还要把茶壶倒过来放在茶垫上，这样可以使壶里的水分完全流出。

| 紫砂壶泡法 |

受"美食不如美器"观念的影响
我国自古以来，无论是饮还是食都极
看重器之美。

紫砂壶分为以下五大类：光身壶
花果壶、方壶、筋纹壶、陶艺壶。光
身壶造型是在圆形的基础上加以演
变，用描绘、铭刻等多种手法来制作
的，以满足不同藏家的需求。花果壶
是以瓜、果、树、竹等自然界的物种
为题材，加以艺术创作，使其充分表
现出自然美和返璞归真的意味。方壶
的造型将点、线、面结合起来，制作
灵感来源于器皿和建筑等题材，以书
画、铭刻、印版、绘塑等作为装饰手
段，壶体庄重稳健。目前的方壶创作
更注重将方与圆结合，刚柔并济，更
能体现人体美学。筋纹壶俗称"筋囊
壶"，是以壶顶为中心向外围放射有
规则线条的壶，竖直线条叫筋，横线
称纹，故也称"筋纹器"。 陶艺壶
是一种似圆非圆、似方非方、似花非
花、似筋非筋的形状较抽象的壶，采
用油画、国画之图案和色彩来装饰。

从功能上看，用紫砂壶泡茶有七大好处：

1. 烧成后的紫砂壶为双气孔结构，有良好的透气性、吸香性、保温性，特别适合冲泡铁观音及普洱茶，不夺真香，无熟汤味。

2. 紫砂壶透气性能好，用其泡茶，茶不易变味，暑天越宿不馊。久置不用，也不会有宿杂气，只要用时先注满沸水，立刻倾出，再浸入冷水中冲洗，即可恢复元气，泡茶仍可得原味。

3. 紫砂壶能吸收茶汁，壶内壁不刷，沏茶绝无异味。紫砂壶经久使用，壶壁积聚茶锈，以致在空壶中注入沸水，也会茶香氤氲，这与紫砂壶胎质上有细微的气孔有关，这是紫砂壶的一大特点。

4. 紫砂壶冷热急变性能好，即使在寒冬腊月，往壶内注入沸水，壶身也绝对不会因温度突变而胀裂。同时砂质传热缓慢，泡茶后握持不会烫手。还可以将茶壶置于文火上烹烧加温，壶不会因受火而裂。

5. 紫砂壶使用得越久，壶身色泽越发光亮照人，气韵温雅。紫砂壶长久使用，器身会因常被抚莫擦拭而变得越发光润可爱。

6. 紫砂壶做成后一般不施釉，表面平整光滑，富有光泽。经茶水反复冲泡后，壶的表面光泽度会越来越好，越发古雅，最后像美玉一样让人感到温润、亲切。所以用紫砂壶泡茶的过程既是养壶的过程，也是人与壶进行情感交流的过程，更是修身养性的过程。

7. 正如大画家唐云先生所说："中国人的紫砂壶，在世界上是一绝，集书画、诗文、篆刻、雕塑于一体，又由于不施釉彩，以素面立身，自有大气魄。有的铭文还渗透进禅机佛理，令人把玩时生出无限遐思，让玩壶人常有所得，常有所悟。"所以说用紫砂壶泡茶更有情趣，更见功力。

在保养紫砂壶的过程中要始终保持壶的清洁，尤其不能让紫砂壶接触油污，这样可以保证紫砂壶的通透。在冲泡的过程中，先用沸水浇壶身外壁，然后往壶里冲水，也就是常说的"润壶"。泡完茶后，要及时用棉布擦拭壶身，不要将茶汤留在壶面上，否则久而久之壶面上会积满茶垢，影响紫砂壶的品相。紫砂壶使用一段时间后要有"休息"的时间，一般要晾三五天，让整个壶身彻底干燥。

紫砂壶泡茶法的具体操作步骤见 p.142。

| 盖碗泡茶法 |

　　盖碗大部分是由陶瓷烧制而成的，由茶碗、茶盖、茶碟组成。盖碗茶具上常有名人绘的山水花鸟，碗内又绘避火图。大家可以从很多电视剧中了解到，在清代，宫廷皇室、大家贵族都喜欢用盖碗喝茶。清代茶碟花样繁多，有圆形的、荷叶形的、元宝形的等。

　　如今，盖碗是四川人最爱使用的饮茶工具之一。四川的茶馆和寻常百姓家，使用的茶具十有八九都是盖碗。在很多川菜馆里，我们还会喝到四川的"八宝茶"，材料是普通的茶叶加上红枣、桂圆、冰糖等，也是用盖碗装的。菜馆里还有茶博士，拎一大号铜壶，倒茶时轻轻一斜，一股细流直冲碗底，顿时香气扑鼻。

◎盖碗的由来

从唐代开始，饮茶的专用茶盏逐渐普及，后来又发明了盏托。宋元时，这种茶盏得以沿袭，明青时开始配以盏盖，于是形成了一盏、一盖、一碟式的三合一盖碗。

关于盏托的发明有一则小故事：唐代宗宝应年间，有一位姓崔的官员爱好饮茶，其女也有相同爱好，且聪颖异常。因茶盏中注入茶汤后，饮茶时人会感觉很烫手，其女便想出一法，取一小碟垫毛在盏下。但刚要喝时，杯子却滑动倾倒，其女遂又想一法，即用蜡在碟中做一个同茶盏底大小差不多的圆环，用以固定茶盏，这样饮茶时，茶盏既不会倾倒，又不至于烫手。后来，托茶盏的小碟寅化成漆制品，称为"盏托"。这种一盏一托式的茶盏既实用，又增添了茶盏的装饰效果，给人以主重之感，遂流传至今。

宋代盏托的使用已相当普及，多为漆制品。明代后又在盏上加盖，既增加了茶盏的保温性，使之能更好地浸泡出茶汁，又增加了茶盏的清洁性，可防止灰尘侵入。品饮时，一手托盏，一手持盖，丕可用茶盖拨动漂在茶汤面上的茶叶，增添了喝茶的情趣。

◎盖碗泡茶的好处

鲁迅先生在《喝茶》一文中曾这样写道："喝好茶，是要用盖碗的。于是用盖碗。果然，泡了之后，色清而味甘，微香而小苦，确是好茶叶。"

中国人讲究喝热茶，方能沁脾、提神、清心。用盖碗喝茶可以说真正把饮茶艺术实用化了。茶碗上大下小，下面有茶碟可以避免烫手。左手端起茶碟，右手拿盖在水面刮动，不必揭盖，半张半合，就可以从茶碗与碗盖缝隙间细呷茶水，还可用碗盖遮挡茶叶，避免了壶堵杯吐之烦。用碗盖在水面刮动，还可以使整碗茶水上下翻涌，轻刮则淡，重刮则浓。用盖碗泡茶不仅可以防止烫手，还可防止茶汤从茶碗中溅出打湿衣服，因此在招待客人时，用盖碗敬茶更显敬意。

盖碗泡茶法是一种较为节省时间的泡茶法，没有很多讲究。相较于紫砂壶，盖碗的突出优点是泡得多、所需时间短。另外，盖碗的保温性较好。

用盖碗泡茶时，可以用碗盖控制开口的大小，茶友能在最短的时间内把茶汤沥尽，叶底一目了然。紫砂壶用对了确实可以出神入化，但要求茶友必须熟知每把壶的壶性，且一把壶只能泡一种茶，甚至一款茶，局限比较大。便宜的盖碗几块钱就可以买一个，但是好的盖碗并不比紫砂壶便宜。

◎喝盖碗茶的姿态

喝盖碗茶讲究姿态，从一个人喝茶的姿态可以看出这个人的职业。看川剧中的角色，如果是秀才，他喝茶的姿势是很文雅的，一般用左手端起茶碟，右手捏起茶盖向外拨动水面，喝茶的时候，用茶盖遮住口鼻，轻吹细呷茶水，那叫"斯文"。如果是一介武夫，通常是左手一把抓起茶碟，右手一把抓起茶盖，使劲地拨动水面，然后大口地喝出动静来，那叫"牛饮"。再看青衣、花旦喝盖碗茶，拿杯盖的手要做成兰花指的样子，那叫"淑女"。

◎盖碗泡茶的具体方法

盖碗泡茶法可分为个人使用与多人使用两种方式。

个人使用：

1.置茶：在盖碗中放入适量茶叶。通常150毫升容量的盖碗，若打算只冲泡一次，建议放2克茶叶即可。可依个人的喜好稍作调整。

2.冲水：以适当温度的热水冲泡茶叶。

3.计时：按上述的茶水比例，茶需要浸泡10分钟方得适当浓度。

4.饮用：打开碗盖，感受香气，用碗盖拨动茶汤，欣赏茶汤的颜色和茶叶舒展后的姿态，并使茶汤浓度均匀。将盖子斜盖于碗上，留出一道缝隙，大小既足以出水，又可以滤掉茶渣，之后连托端起饮用。

多人使用：

1.备具：准备好茶具和水。（图1）

2.温碗、温杯：用热水将盖碗温热，这样既可以提高盖碗的温度，也可烘托茶香以利闻香。再用温碗的水温杯。（图2～4）

3.置茶：将茶荷内的茶叶置入碗中。（图5）

4.冲第一道茶：在盖碗中冲入热水，沿碗边按顺时针方向缓慢注水，冲水量以盖子不会浸入水中为原则。用碗盖刮去碗沿上的泡沫。（图6～7）

5.倒茶：稍等片刻，即将茶汤倒入公道杯内。要控制好碗盖开口的大小，这样既可以使大块茶叶不掉出，又能将茶汤顺畅地倒出来。再将公道杯内的水倒入茶杯，最后将第一泡茶倒掉。（图8～9）

6.继续泡茶：冲泡第二道茶，根据茶叶特性、个人口感调整水温以及浸泡茶叶的时间，再将茶水倒入公道杯，最后倒入茶杯，即可饮用。（图10～11）

玻璃杯泡法

　　玻璃杯最适合用来泡绿茶和花草茶。用玻璃杯泡茶的好处是可以清楚地看到茶叶的形状和汤色，使冲泡过程更有美感。而且玻璃杯材质比较稳定，在冲泡过程中不会释放有害物质，不会破坏茶性和口味。坏处是遇热易碎，要防止在杯中加入沸水时杯子破裂、伤到人。玻璃杯上最好不要有复杂的花纹，透明度要高，杯子也不要太厚，否则冬天泡茶时杯子容易被烫裂。另外杯子大小应合适（容量以250毫升为宜），还要易于清洗。

　　泡饮之前，先欣赏干茶的色、香、形。取一杯之量的茶叶，置于无异味的白纸上，先观看茶叶形态，名茶的造型因品种不同而不同，或条形，或扁形，或螺状，或针状；再观看茶叶色泽，或碧绿，或深绿，或黄绿；最后嗅干茶香气，或奶油香，或板栗香，或锅炒香，或不可名状的清新茶香，这样就可以充分领略各种名茶的天然风韵。

用玻璃杯泡茶有三种方法，分别是上投法、中投法和下投法。上投法是先加水后加茶，下投法是先加茶后加水，中投法是加水—加茶—加水。泡茶时，可视茶条的松紧不同，采用不同的冲泡法。

无论采用哪一种玻璃杯泡茶法，泡茶前，都应先洗净茶杯。先向玻璃杯内倾注 1/3 容量的开水，然后使玻璃杯杯口朝左，放于左手掌心，用右手指尖扶杯，使玻璃杯按逆时针方向转动，直至水滴全部倾出至水盂。清洗玻璃杯既是对客人表示尊重，又可提高玻璃杯的温度，避免正式冲泡时玻璃杯炸裂。

◎上投法

对于外形紧结重实的名茶，如碧螺春、都匀毛尖、蒙顶甘露、庐山云雾、凌云白毫等，可用上投法冲泡。

洗净茶杯后，先将 85 ~ 90℃的热水冲入杯中，然后取茶投入，一般不加盖，茶叶便会自动徐徐下沉。有的茶叶直线下沉，有的茶叶徘徊缓下，有的则上下沉浮后降至杯底。干茶吸收水分后逐渐展开，现出一芽一叶、一芽二叶、单芽或单叶的生叶本色。芽似枪、剑，叶如旗，汤面水汽夹着茶香缓缓上升，趁热嗅茶汤香气，令人心旷神怡。茶汤颜色或黄绿碧清，或乳白微绿，或淡绿微黄。隔杯观察，还可见到汤中有细茸毫沉浮游动。茶叶细嫩多毫，汤中散毫就多，此乃嫩茶特色。这个过程称为湿看。

采用上投法泡茶，会使杯中茶汤浓度上下不一，茶的香气不容易挥发。因此，品饮用上投法冲泡的茶时，最好先轻轻摇动茶杯，使茶汤浓度上下均衡，茶香得以挥发。

待茶汤凉至适口，即可品尝茶汤滋味，宜小口品啜，缓慢吞咽，让茶汤与味蕾充分接触，细细领略名茶的风韵。此时舌与鼻并用，可从茶汤中品出嫩茶香气，顿觉沁人心脾，此谓一开茶，此时应着重品尝茶的头开鲜味与茶香。饮至杯中茶汤尚余 1/3 时（不宜全部饮干），再续加开水，谓之二开茶。若泡饮的是芽叶肥壮的名茶，二开茶汤正浓，饮后舌本回甘，余味无穷，齿颊留香，身心舒畅。饮至三开，一般茶味已淡，续水再饮就显得有些淡薄无味了。

◎中投法

中投法的冲泡方法是先加水，再加茶，最后再加水。从茶叶罐中用茶匙取出适量茶叶放于茶荷中，如果取的是嫩芽小叶、易碎的上等绿茶，就要注意在取茶的过程中勿用力挖取，应轻颠茶罐将茶叶倒入茶荷，然后以微微倾斜的角度拿起茶荷以便欣赏。在此过程中，可向客人简要介绍此茶的品质特征，以引发客人兴趣。

接着，将热水倒入杯中，水温在 80 ~ 85℃，注水量为杯子容量的 1/4 ~ 1/3，再用茶匙将茶荷中的茶叶拨入玻璃杯中，茶与水的比例为 1 ∶ 50。静候 15 秒左右，再高冲注水，使杯中的茶叶上下翻滚，这样有助于茶叶的内含物质析出，茶汤的浓度可达到上下一致。将水量控制在七分满。

中投法其实就是分两次注水，此法适合冲泡较细嫩且高香的茶，如龙井。因为细嫩且高香的茶叶经不得高温和水冲击的伤害，但又需要温度来激发茶叶的香气，所以采用中投法，先加水后加茶，可保护茶叶不受热力伤害，第二次加水可激发茶香。

◎下投法

下投法适合冲泡粗壮、粗老的茶叶。这样的茶叶营养物质内敛,需用温度高的水使其内含的物质析出,高温、高冲可以激发茶香,使芳香最大程度地散发。

用下投法泡茶时,先用茶匙将茶叶从茶筒中拨到茶荷上。水初沸后,停止加温,待水温回落,将热水倒入茶壶。然后,用茶匙把茶荷中的茶拨入茶杯,接着将水倒入杯中,茶与水的比例约为1∶50。静待片刻,即可看到茶芽逐渐舒展,显出勃勃生机。倒水时,可以采用"凤凰三点头"的方法,即用手腕的力量上下提拉茶壶注水,反复三次,连绵的水流可以使茶叶在杯中上下翻滚,促使茶汤均匀,同时也蕴含着三鞠躬的礼仪,似象征着吉祥的凤凰前来行礼。品茶时,轻轻转动杯身,茶香飘来,先闻其香,再轻吸一口,细心品味。

下面,我们来展示三种玻璃杯泡茶法。图中所用的茶叶分别为碧螺春、西湖龙井、安吉白茶。所选择的泡法分别为上投法、中投法、下投法。

首先在三个玻璃杯内分别冲入沸水,烫洗玻璃杯,然后将废水倒入茶盘。(图1～3)

上投法：在玻璃杯内冲入热水，约八分满即可，接着投入适量碧螺春，静候片刻即可品饮。(图 5～6)

中投法：先在玻璃杯内冲入热水，水量约为玻璃杯容量的1/3，再投入适量西湖龙井，待茶叶舒展后，继续加适量热水，静候片刻即可品饮。(图7～9)

下投法：先在玻璃杯内投入安吉白茶，再冲入热水。高冲缓收，即可欣赏美丽的"茶舞"。(图 10～12)

飘逸杯泡法

飘逸杯是现代人们研发出来的泡茶工具，它的出现使泡茶的过程轻松了许多。飘逸杯可以使茶叶和茶汤分离干净。

◎飘逸杯结构介绍

①高密度过滤网：可过滤掉细小的茶叶和茶渣，让人喝到更醇、更可口的好茶。

②下压键：下压键一般能承受十万次以上的按压。

③卡槽：杯体独特的卡槽设计可以让内胆和杯体紧密嵌合，同时又能轻松旋转取出内胆。

④外杯：飘逸杯外杯的玻璃可耐150℃的瞬间温差，即便是用冷壶泡热茶，也不用担心杯体炸裂

⑤可拆洗内胆：方便清洗，能保证茶水中没有茶叶和茶渣。

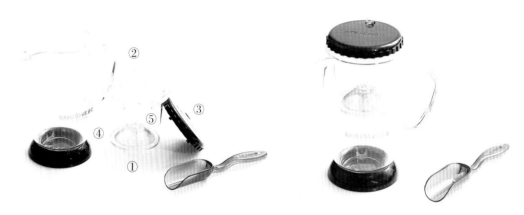

◎飘逸杯的优点

1.可使茶叶、茶汤分离，并自动过滤茶渣，改善用普通茶壶泡茶时，若不及时将茶汤倒出，茶叶会浸泡过久，导致茶味苦涩的缺点。

2.看得到茶汤，容易控制浓淡。

3.飘逸杯既可用来泡茶，也可用来饮茶，不必另备茶海、杯子、滤网等。

4.泡茶速度快，适合居家待客时使用，可同时招待多位朋友，不会有冲泡不及之尴尬。

5.用途多，适用于多种场合。放在办公室自用时，可将外杯当饮用杯；招待客人时，可将外杯当公道杯。

6.容易清洗，掏茶渣相当方便，只要把内胆向下倾倒，茶渣就会掉出来，然后用清水冲洗即可。

◎飘逸杯泡茶的具体方法

不是每个喝茶之人都有一套茶具，很多人习惯用飘逸杯来泡茶。用飘逸杯泡茶多少也有一些讲究，毕竟它的出水方式和我们以往习惯用的紫砂壶和盖碗都不一样。

1.烫杯：泡茶前，把飘逸杯的内胆、外杯还有盖子都好好烫一遍，然后将烫杯的水倒掉。飘逸

不如果有一段时间没有用过，在泡茶之前一定要将其烫洗干净，保证没有异味。烫杯时还要确认控制出水杆的下压键是否好用。

2. 置茶：用飘逸杯泡茶时，置茶量相对可以随意一些。如果着急喝，可以采取多置茶、快速出汤的方式。

3. 洗茶：喝生茶时洗茶步骤很简单，先冲入热水，让茶叶吸收充足的水分，然后将水倒掉就可以了。如果冲泡老茶或是熟茶，洗茶的过程要稍微麻烦一些，因为老茶和熟茶受到灰尘和异味污染的可能性更大。洗老茶和熟茶时，注水的力度相对要大、要猛，出水要快。注满沸水后，要立即按出水杆，因为如果速度慢了的话，一些被激起的杂质会再次附着在茶叶上，这样就达不到洗茶的目的了。倒掉洗茶水之后不要忘记刷一下杯子。

4. 冲泡：洗茶后，看一下内胆里的茶叶，如果感觉茶已经洗净了，就进行正常的冲泡。这时和之前洗茶时相反，注水要轻柔，以保证茶汤的匀净。

5. 出汤：按下出水杆的下压键，等待茶汤漏入杯中即可。需要注意的是，用飘逸杯泡茶时出汤要快一些，而且要出尽。

6. 品饮：出汤之后，即可饮用。

| 冷水泡茶法 |

中国茶文化自古讲究用热水沏茶，闻香品味。人们都习惯于用热水沏茶，认为只有热水才能把茶叶的味道和儿茶素、矿物质等对人体有益的成分泡出来。事实上，用冷水泡茶的效果一点儿也不差，只要有足够的耐心，茶的清香、营养素就会慢慢渗出来。正如一首湘西民歌唱的那样："冷水泡茶慢慢浓……"时下，在日本、韩国等地悄然兴起了用冷水泡茶的热潮。

专家发现，用冷水冲泡茶，不仅能使茶叶释放更多的儿茶素，还可以让咖啡因含量降低。泡出好喝的冷泡茶后，可以将其随身携带，这种方法适合忙碌的上班族、学生、开车族等。

◎冷泡茶益处多

1. 便捷

在外出旅游、爬山、乘火车或其他无法烧热水的场合，只要有纯净水或矿泉水就可泡茶。清凉可口的冷泡茶不仅可以解渴消暑，还可以提神益思。

2. 降血糖

冷泡茶因为茶叶浸泡的时间较长，所以其中的多糖成分能被充分泡出，这种成分对糖尿病具有较好的辅助治疗效果。

3. 营养健康

茶叶具有很高的营养价值，用冷水冲泡既能保留茶叶的口味，又不会破坏茶叶中的营养成分。研究显示，用冷水泡茶两小时后，茶叶中的鞣酸、游离型儿茶素等水溶性成分的浸出量就会超过用热水泡的茶；而用冷水泡茶 8 小时后，不溶于水的酯型儿茶素等成分的浸出量也可达到用热水泡的茶的 70% 左右。

4. 不影响睡眠

茶叶中的咖啡因具有一定的提神效果，这是很多人喝了茶晚上失眠的主要原因。而用冷水冲泡绿茶可以减少咖啡因的释放，不伤胃也不影响睡眠，因此敏感体质的人或胃寒者均适合饮用冷泡绿茶。

◎哪些茶适合用冷水泡？

不是每种茶叶都适合用冷水泡。一般来说，发酵时间越久，茶中的含磷量相对就越高，冷泡茶应尽量选择含磷量较低的发酵程度低的茶。以最常见的茶品来说，绿茶适合用冷水泡，而发酵程度较高的红茶、铁观音、普洱茶等则不那么适合。

◎冷水泡茶的步骤

1. 准备茶叶、冷开水、矿泉水瓶等。

2. 将茶叶放入矿泉水瓶中，倒入冷开水，冷开水跟茶叶的比例约为 50：1，可依个人口味增减茶量。

3. 等待 1 ～ 3 小时后，即可将茶汤倒出饮用。

4. 可以将未喝完的茶放入冰箱冷藏，但保存时间不要超过 24 小时。

不同的茶叶分别应该用多少度的水冲泡？

　　泡茶时，水温的高低是决定能否泡好一杯茶的关键之一。水温过高，茶叶会被烫熟，导致茶汤失去鲜爽感，茶叶的色、香味、形全被破坏；水温过低，会导致茶叶浮在汤面上，香气低，汤色浅，滋味淡，无法体现茶叶色、香、味、形的特征。

　　泡茶的水温因茶而定。高级绿茶，特别是芽叶细嫩的名绿茶，一般用80℃的温开水冲泡。水温太高容易破坏茶中的维生素C，咖啡因容易浸出，致使茶汤变黄，滋味较苦。饮泡各种花茶、红茶、中低档绿茶时，则要用90～100℃的沸腾过的水冲泡。若水温低，则茶叶中的有效成分浸出少，茶汤滋味淡。冲泡乌龙茶、普洱茶和沱茶时，因每次用茶量较多而且茶叶粗老，所以必须用100℃的水冲泡。少数民族饮用的紧压茶，则要求水温更高，冲泡时需将茶敲碎再熬煮。通常茶叶中的有效物质在水中的溶解度跟水温有关，在60℃的温水中有效物质的浸出量只相当于在100℃水中的45%～65%。

如何去除茶具上的茶垢

很多喜欢喝茶的人都有一个小小的烦恼，那就是茶具上很容易出现茶垢。面对这个问题，很多人都会用钢丝球或是丝瓜络等比较粗糙的清洗工具来刷洗。这样的确可以起到清洗的效果，但这种方法很容易伤害茶具表面的釉质，使之变得越来越薄。慢慢地，茶垢就会完全渗入茶具里面，茶具就会变成茶汤的颜色，而且怎么洗也洗不掉。

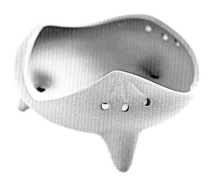

　　有些老壶友喜欢自己的茶杯里积有一层厚厚的茶垢，似乎这样可以证明自己爱喝茶。有的人甚至认为用有茶垢的茶具泡茶，茶才更有味。其实，用有茶垢的茶具泡的茶口味并不会更好。因此，我们在爱喝茶的同时也应该勤于刷洗茶具，这才是良好的生活习惯。

　　茶水长时间暴露在空气中，茶叶中的茶多酚与金属离子在空气中发生氧化作用，便会生成茶垢，附在茶具内壁，而且会越积越厚。因此，最好及时将它们清洗掉。

　　最好的清洗茶具的方法是：每次喝完茶后，立刻把茶叶倒掉，用水把茶具清洗干净。如果能够长期保持这种良好的习惯，那么不需要用任何清洗工具，茶具就能保持明亮的光泽。但有很多人喝完茶后就去休息或是做别的事情，常常忘记清洗茶具，直到下次喝茶的时候才会清洗茶具。这时经过长时间的浸泡，很多茶具都会染上茶的颜色，这种颜色用清水是洗不掉的。这个时候，可以在茶具上挤少量的牙膏，用手或是棉花棒把牙膏均匀地涂在茶具表面，大约一分钟后再用水清洗。这样，茶具上面的茶垢很容易就被清洗干净了。用牙膏清洗茶垢，既方便，又不会损坏茶具或伤手。还可在水中加入小苏打，将积有茶垢的茶壶浸泡一昼夜，再摇晃着反复冲洗，便可将其清洗干净。

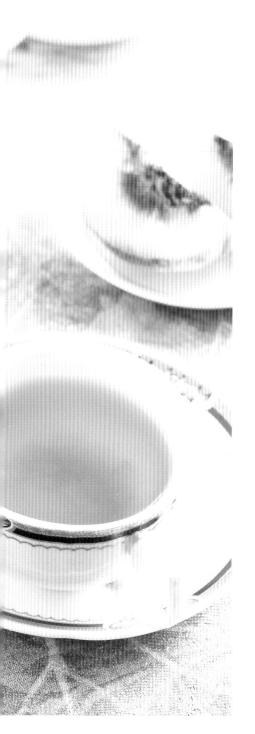

品鉴

当你进入缤纷多彩的茶世界中，一定会常常听到饮茶、喝茶和品茶等名词，你是否曾好奇它们究竟有何差别呢？

　　饮茶有喝茶和品茶之分。喝茶的目的在于解渴，满足人的生理需要，为人体补充水分。尤其是在剧烈运动、体力流失之后，人们往往急饮快咽，直到解渴为止，对于茶叶质量、茶具配置、茶水选择以及周遭环境并无太多要求，只要茶水能达到卫生标准就可以了。

　　品茶的目的却不是解渴，而是将饮茶看作一种对艺术的欣赏和生活的享受。品茶要在"品"字上下功夫，仔细体会，徐徐品味。茶叶要优质，茶具要精致，茶水要纯净。泡茶时要讲究周围环境的典雅宁静，邀两三知己，围桌而坐，以悠闲自在的心情来饮茶。通过观色、闻香、尝味获得舒畅感，达到精神升华。品茶的主要目的在于感受意境，而不在于喝多少茶，"解渴"在品茶中已显得无足轻重了。

　　茶蕴含着大自然的生命力，而茶文化也是中华文化的重要组成部分。"茶中亚圣"卢仝曾作诗，将品茶的好处与境界写得生动别致、耐人寻味："一碗喉吻润，两碗破孤闷。三碗搜枯肠，惟有文字五千卷。四碗发轻汗，平生不平事，尽向毛孔散。五碗肌骨清，六碗通仙灵，七碗吃不得也，惟觉两腋习习清风生。"

　　找一处舒适、整洁的地方，室内或室外都可以。为这个地方增加一些美丽的点缀，如简单地布置一些插花、雕像或者是图画，若有流动的水声效果会更好。缓慢、仔细地泡一杯茶，尽享茶中的韵味与乐趣吧！

储茶

一个喜爱饮茶的人不能不知道茶叶的存放方法,因为品质很好的茶叶,如不善加保存,很快就会变质,出现颜色发暗、香气散失甚至发霉的现象。

| 影响茶叶品质的因素 |

影响茶叶品质的因素主要包括茶叶本身的含水量、光线、温度、环境含氧量等。

◎茶叶含水量

茶叶中水分含量超过 5% 时,茶叶品质会加速劣变。

◎温度

茶叶所处环境的温度越高,茶叶的色泽越容易变成褐色,低温冷藏(冻)可有效减缓茶叶变色及陈化。

◎环境含氧量

引起茶叶劣变的各种物质的氧化作用,均与氧气的存在有关。

◎光线

光线照射会对茶叶产生不良的影响。光照会加速茶叶中各种化学反应的进行,此外,叶绿素经光线照射易褪色。

| 茶叶的陈化 |

茶叶陈化是指在自然条件下,经过时间的推移,茶叶成分发生的变化。

◎叶绿素

叶绿素是影响茶叶外观色泽的重要成分,会因高温和紫外线照射产生褐变。叶绿素对绿茶和轻发酵、轻焙火的包种茶影响较大。

◎维生素 C

维生素 C 会因氧化而减少。茶叶含水量超过 6%、高温、日照都会使维生素 C 大量减少。维生素 C 减少会使茶汤变成褐色,滋味也会变得不清爽。

◎茶多酚的氧化和聚变

茶多酚在茶叶存放的过程中被氧化,形成茶黄素与茶红素,进而成为褐色素,这会使汤色变深、变暗,还会使茶汤的滋味变差。

◎脂类物质的水解与胡萝卜素的氧化

茶叶中的脂类物质在存放过程中会被氧化、水解,变成游离脂肪酸、醛类或酮类,进而出现酸臭味。存放过程中,胡萝卜素也会被氧化。

◎氨基酸

随着存放时间增加,茶叶中的氨基酸数量会逐渐减少,导致茶叶的品质下降。

| 茶叶的贮存方法 |

茶叶是可耐久存放的产品,只要保存得当(如保持干燥、避免吸入异味、避免阳光直射等),就可以长时间存放。茶叶标示的保存期限一般为两年。一般来说,即使超过保存期限,只要茶叶不发霉,那么经过适当烘焙,除了没有原来的清香味外,陈年茶汤还是可以饮用的,有些陈茶还别有一番滋味。下面介绍几种茶叶的贮存方法。

◎ 塑料袋、铝箔袋贮存法

最好选有封口的食品级塑料袋来保存茶叶,注意选择材料厚实、密度高、无味道的。装入茶后应尽量挤出袋中空气,如能用另一个塑料袋反向套上再封口保存则效果更佳。用透明塑料袋装茶后,袋子不宜被阳光照射。以铝箔袋装茶,原理与用塑料袋装相同。另外,买回来的茶要分袋包装,密封后置于冰箱内,然后分批冲泡,以减少茶叶开封后与空气接触的机会。

◎ 金属罐贮存法

可选用铁罐、不锈钢罐或质地密实的锡罐贮存茶叶。针对新买的罐子,或是原先存放过其他物品的留有味道的罐子,可先将少许茶末置于罐内,然后盖上盖子,上下左右摇晃,使茶叶轻擦罐壁后将其倒掉,以去除异味。如能先用干净、无异味的塑料袋装茶,再将塑料袋置入罐内,盖上盖子后用胶带把盖口封上则效果更佳。应将装有茶叶的铁罐置于阴凉处,不要把它放在阳光可以直射、有异味、潮湿、有热源的地方,这样铁罐才不易生锈,亦可减缓茶叶陈化、劣变的速度。

◎ 低温贮存法

低温贮存法是指将贮存茶叶的环境温度保持在5℃以下,也就是使用冷藏库或冷冻库保存茶叶。使用此法时应注意:

①贮存期在6个月以内时,冷藏温度以维持在0～5℃为佳;贮存期超过半年时,以冷冻在-10～-18℃的环境中为佳。

②能将茶叶贮存在专用的冷藏(冷冻)库中最好,如必须与其他食物放在一起,则应先将茶叶妥善包装,完全密封,以免茶叶吸附异味。

◎ 暖水瓶贮存法

将茶叶装进新买回的暖水瓶中,然后用白蜡封口并裹上胶布。此法最适用于家庭贮存茶叶。

◎干燥剂贮存法

干燥剂的种类可依茶类和取材是否方便而定。贮存绿茶时,可用块状未潮解的石灰;贮存红茶和花茶时,可用干燥的木炭;有条件者也可用变色硅胶。

| 贮存茶叶时应注意的问题 |

一次购买很多茶叶时,应先用小包(罐)分装,再放入冷藏库。平时喝茶时,不宜将同一包茶反复冷冻、解冻。 从冷藏库内取出茶叶时,应先让茶罐内茶叶的温度回升至与室温相近,才可取出茶叶,否则骤然打开茶罐,茶叶容易凝结水汽,从而加速劣变。从罐中取茶时,切勿以手抓茶,以免汗臭或其他不良气味被茶吸附。最好用茶匙取茶,用一般家庭使用的铁匙取茶亦可。

切勿将茶罐放于厨房或潮湿的地方,也不要将其和衣物等放在一起,最好是放在阴凉干爽的地方。如果能谨慎贮藏茶叶,茶叶即使放上几年也不会坏,陈年茶的特殊风味还可带给饮茶者别样的感受。购买了多类茶叶时,最好分别用不同的茶叶罐贮存,并在茶叶罐上贴上纸条,清楚写明茶名,购买日期,茶的焙火程度、焙制季节等。

保存陈茶时,可用胶带将盖口封住,并定期(如每年)烘焙一次。 若保存得当,虽然茶汤的清香会受影响,但其中的多酚类物质会因为继续氧化聚合所产生的后发酵作用,降低茶中咖啡因的苦味,使茶汤更醇厚。避免茶叶劣变的要诀在于保持干燥,让茶叶中的多酚类物质以缓慢渐进的方式演化,这种物质有降血脂、减肥、降血糖、暖胃、醒酒、生津止渴等功效。

贮存茶叶时,还需要注意以下问题:

1. 将茶叶含水量控制在3%～5%才能长时间保存茶叶。焙火及干燥程度与茶叶贮藏期限有相当重要的关系,焙火较重、含水量较低者可贮存较久。

2. 茶叶贮存期满时,应取出再焙火。可洗净电饭锅至无味,拭干,然后将茶叶倒在瓷盘或铝箔纸上,再放入电饭锅。将开关切至"保温"位置,将锅盖半掩,适时翻动茶叶,约半天时间,茶味会由陈旧味转清熟香。若用食指、拇指捏之即碎,代表火候够了。待茶叶降温冷却后,可重新包装贮藏。当然,最稳妥的方法还是将珍藏的茶叶请熟识的茶师或茶农代为焙火。

| 心情郁闷喝绿茶 |

如果你常常觉得心情郁闷，想发脾气或是身热、口渴，从中医角度看是有心火、虚火，适合饮用能滋阴降火的绿茶。

| 四肢发凉喝红茶 |

如果你常常感到四肢发凉，说明你的身体末梢循环不佳、新陈代谢较缓，适合饮用性温的红茶。红茶可以改善体内的血液循环，温暖身体，使肤色红润。饮用时，可在红茶中加入桂圆一起冲泡饮用，暖身效果更好。

| 消化不良喝乌龙茶 |

如果你容易腹胀，则适合饮用对肠胃有益的乌龙茶。不过不要在进餐过程中饮用乌龙茶，也不要餐后立即饮用，最好等到餐后半小时再饮用。

| 想瘦身喝生普洱茶 |

通常认为，绿茶、生普洱茶、岩茶等都有瘦身效果，尤其是产自云南高山的普洱茶更是有独特的燃脂功效，能让体脂代谢速度加快。

| 想体味清新喝花茶 |

《本草纲目》中记载茉莉能香肌、润肤、长发，亦能"入茗汤"。茉莉花茶气味清香持久，早晚各喝一杯茉莉花茶有利于体味清新。

| 想明目喝菊花茶 |

长期使用电脑者眼睛易疲劳。菊花对眼睛疲劳有很好的疗效，经常觉得眼睛干涩的电脑族多喝些菊花茶很有好处。

| 想美白喝薏仁绿茶 |

试着连续饮用一周薏仁绿茶，你可能会发现自己的肤色提亮了，而且薏仁还有滋阴润燥的功效，能滋润皮肤。

你需要哪一种茶？

每种茶的性质不同，每个人的体质也不同，所以一定要选适合自己的茶。如绿茶的抗氧化功效好，但体寒的人喝了反而会感到不适。另外，要根据季节喝茶，春夏季节易上火，可以多喝绿茶、花茶；冬天冷，可多喝些性温的茶。

第三章

名茶品鉴

CHAPTER 3

中国茶叶种类齐全，品种繁多，因采制加工方法的不同，形成了千姿百态、丰富多彩的茶品。从绿茶、红茶、乌龙茶、白茶、黄茶、黑茶，到现在流行的花草茶，其品鉴方法各式各样、异彩纷呈。

之前我们已经介绍过七大常见茶类的基本特点。每一类茶的加工工艺流程都不同，根据加工工艺的区别，我们可以迅速分辨某种茶属于哪一类。将六大基本茶类中的任意一种加上鲜花等配料，即可制成花茶。

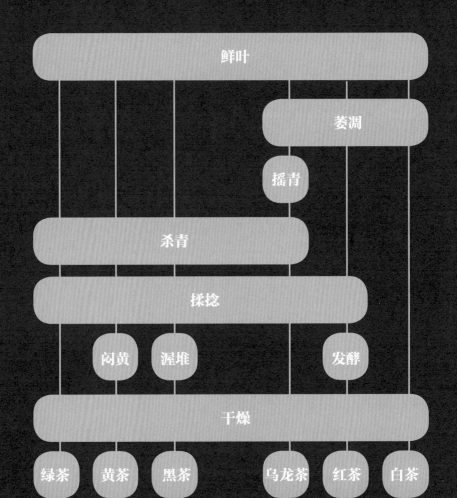

绿茶

绿茶是国内产量最大、饮用范围最广的一种茶。绿茶的加工简单地说可分为杀青、揉捻和干燥三道工序。

杀青

杀青对绿茶的品质起着决定性的作用。杀青是绿茶加工制作的头道工序，做法是把摘下的嫩叶加高温，抑制发酵，使茶叶保持原有的绿色，同时减少叶片中的水分，便于进一步加工。高温会破坏鲜叶中酶的活性，抑制多酚类物质氧化，防止叶子变红。随着水分的蒸发，鲜叶中具有青草气的低沸点芳香物质逐渐挥发消失，从而使茶叶香气得到改善。除特种茶外，该过程均在杀青机中进行。影响杀青质量的因素有杀青温度、投叶量、杀青机种类、杀青时间、杀青方式等。

揉捻

揉捻是塑造绿茶外形的一道工序。通过外力作用，使叶片揉破变轻，卷转成条，体积缩小，便于冲泡。同时部分茶汁被挤出后会附着在茶叶表面，对提高茶浓度有重要作用。揉捻工序有冷揉与热揉之分。所谓冷揉，即将杀青叶摊凉后再揉捻；热揉则是杀青叶不经摊凉而趁热进行揉捻。嫩叶宜冷揉，以保持黄绿明亮的汤色以及嫩绿的叶底；老叶宜热揉，以利于条索紧结，减少碎末。目前，除名茶仍用手工操作外，大部分绿茶的揉捻作业已实现机械化。

干燥

干燥的目的是蒸发水分，整理外形，使茶香充分挥发。干燥的方法有烘干、炒干和晒干三种形式。绿茶的干燥工序一般是先烘干，再进行炒干。揉捻后的茶叶含水量仍较高，如果直接炒干，茶叶在炒干机的锅内很快会结成团块，茶汁也会黏结在锅壁上。因此必须先烘干茶叶，使茶叶的含水量降低至符合锅炒的要求。

绿茶是不发酵茶，因而较多地保留了鲜叶内的天然物质。其中茶多酚、咖啡因保留了85%以上，叶绿素保留了50%左右，维生素损失也较少，从而形成了绿茶"清汤绿叶，滋味收敛性强"的特点。常饮绿茶能防癌、降血脂。吸烟者喝绿茶可减轻尼古丁伤害。

| 西湖龙井 |

◎佳茗简介

西湖龙井位居十大名茶之首，历史悠久。《茶经》中就有杭州天竺、灵隐二寺产茶的记载。北宋时期，龙井茶区已初步形成规模，当时灵隐寺下天竺香林洞的香林茶、上天竺白云峰产的白云茶和葛岭宝云山产的宝云茶已被列为贡品。苏东坡手书的"老龙井"等匾额至今仍存于龙井村狮峰山脚下的寿圣寺胡公庙内。到了南宋，杭州成了国都，当地的茶叶生产有了进一步的发展。

元代，龙井茶的品质得到了进一步提升。爱茶人虞伯生在《游龙井》中写道："徘徊龙井上，云气起晴画。澄公爱客至，取水挹幽窦。坐我檐莆中，余香不闻嗅。但见瓢中清，翠影落碧岫。烹煎黄金芽，不取谷雨后，同来二三子，三咽不忍漱。"可见当时文人雅士看中龙井一带风光幽静，又有好泉好茶，故常结伴前来饮茶赏景。

>> 杭州西湖

明代，龙井茶名声逐渐远播，开始走出寺院，为寻常百姓所饮用。明嘉靖年间的《浙江匾志》记载："杭郡诸茶，总不及龙井之产，而雨前细芽，取其一旗一枪，尤为珍品，所产不多，宜其矜贵也。"月万历年的《杭州府志》有"老龙井，其地产茶，为两山绝品"之说。由此可见，在当时龙井已是茶中极品。万历年《钱塘县志》又记载："茶出龙井者，作豆花香，色清味甘，与他山异。"此时的龙井茶已被列为中国名茶。明代黄一正收录的名茶录及江南才子徐文长辑录的全国名茶中，皆有龙井茶。

如果说在明代，龙井茶还与其他名茶不相上下的话，至清代，龙井茶则可以说是名列前茅了。清代学者郝壹恣行考"茶之名者，有浙之龙井，江南之芥片，闽之武夷云"。乾隆皇帝六次下江南，四次来到龙井茶区观看茶叶采制，品茶赋诗。胡公庙前的十八棵茶树还被封为"御茶"。从此，龙井茶驰名中外，问茶者络绎不绝。近人徐珂称："各省所产之绿茶，鲜有作深碧色者，唯吾杭之龙井，色深碧。茶之他处皆蜷曲而圆，唯杭之龙井扁且直。"

民国期间，龙井茶成为中国名茶之首。自1949年以来，国家积极扶持龙井的发展，龙井茶被列为国家外交礼品茶。茶区人民在政府的关怀下，选育新的优良品种，改旧式柴锅为电锅，推广先进的栽培制技术，建立龙井茶分级质量标准，使龙井茶生产走上了科学规范的发展道路。

从龙井茶的历史演变看，龙井茶之所以能成名并发扬光大，一是因为龙井茶品质好，二是因为龙井茶本身的历史文化渊源。所以龙井茶体现的不仅仅是茶的价值，还有文化艺术的价值。

◎产地分布与自然环境

西湖龙井产于浙江省杭州市西湖周围的群山之中。多少年来，杭州不仅以美丽的西湖闻名于世，也以西湖龙井誉满全球。西湖龙井分一级产区和二级产区，一级产区包括传统的"狮（狮峰）、龙（龙井）、云（云栖）、虎（虎跑）、梅（梅家坞）"五大核心产区，二级产区是除了一级产区外西湖区其他产龙井的茶区。其中人们普遍认为产于狮峰的龙井品质最佳。狮峰龙井产于狮峰山一带，香气高锐持久，滋味鲜醇，色泽略黄，俗称"糙米色"。

西湖龙井地理标志产品保护范围为杭州市西湖区现辖行政区域，这里有独特的有利于茶树生长发育的自然条件，为芽叶的生长和物质代谢提供了良好、稳定的生态环境，有利于茶叶中氨基酸等含氮化合物与芳香物质的形成和积累，为西湖龙井茶香高味醇的品质奠定了基础。

| 地理特点 | 茶树分布在山地、丘陵地带，地势西南高、东北低，山脉大多呈西南—东北走向，近似为平行的带状分布。 | 气候特点 | 当地的气候是典型的亚热带季风气候，四季分明；气候温和，热量资源丰富；雨量充沛，空气湿润；冬有寒潮，夏有伏旱。 |

热量	年平均气温15～17℃,活动积温(把大于等于10℃持续期内的日平均气温累加起来,得到的气温总和叫作活动积温)4500～5400℃,无霜期210～260天。	光照	年均光照时数1700～2100小时
		水量	年均降水量1330～1570毫米,雨量分布由西南向东北递减,年均空气相对湿度75%～82%。
土壤	茶园土壤多属红壤、黄壤及其变种,以红泥沙土、红黏土、黄泥土等土种为主,土壤pH值为4.5～6.5。	植被	当地植被有常绿落叶林和落叶阔叶林,以及人工培育的马尾松林和毛竹林等。

>> 狮峰山

◎选购

西湖龙井按产地可分为"狮、龙、云、虎、梅"五个品类。"狮"字号为狮峰一带所产,"龙"字号为龙井、翁家山一带所产,"云"字号为云栖、五云山一带所产,"虎"字号为虎跑一带所产,"梅"字号为梅家坞一带所产。其中,狮峰所产的龙井被公认为品质最佳。狮峰龙井又分为许多品种,如"婴儿茶"为3月所采;"女儿茶""黄毛丫头茶"是清明前采的茶,是茶中的极品;"皇帝茶"原是供给皇上的;"姑娘茶""嫂子茶"和"婆婆茶"则没有什么营养价值。

西湖龙井以前分为特级和一级至十级共 11 个品级，其中特级又分为特一、特二和特三，其余每级又分为 5 个等级，每级的"级中"设置级别标准样。随后，分级稍作简化，改为特级和一至八级，共分 43 个等级。到 1995 年，国家进一步简化了西湖龙井的分类级别，只设特级和一级至四级。后来，改为分特级和一至五级，共 6 个级别。

| 特级 | 一芽一叶初展，扁平光滑。

| 一级 | 一芽一叶开展，含一芽二叶初展，较扁平光洁。

| 二级 | 一芽二叶开展，较扁平。

| 三级 | 一芽二叶开展，含少量二叶对夹叶，尚扁平。

| 四级 | 一芽二、三叶与对夹叶，尚扁平，较宽，又光洁。

| 五级 | 一芽三叶与对夹叶，扁平，较毛糙。

鉴别西湖龙井时，可用以下方法：

>>龙井茶芽

一 摸　用手摸茶叶，判断茶叶的干燥程度。随意挑选一片干茶，放在拇指与食指之间用力捻。若成粉末，说明干燥度足够；若成小碎粒，说明干燥度不足，或者茶叶已受潮。干燥度不足的茶叶比较难储存，香气也不高。

二 看　看干茶是否符合西湖龙井的基本特征，判断指标包括外形、色泽、匀净度等。

三 嗅　闻一闻干茶是否有烟、焦、酸、馊、霉等劣变气味和其他不良气味。

四 尝　若干茶的含水量、外形、色泽均符合要求，可开汤审评。取 3 ~ 4 克西湖龙井置于茶碗中，冲入 80℃的温开水 150 ~ 200 毫升，3 分钟后先嗅香气，再看汤色，细尝滋味，后评叶底。这个环节最为重要。

此外，西湖龙井的销售企业由政府部门严格按条件审批确认，并对其销售行为全程监控。茶叶包装外贴有销售企业的防伪标识，并有国家原产地域产品标志。2005 年起，西湖龙井的包装上开始使用新的防伪标识，将防伪标识和原产地域产品标志二码合一，消费者可以拨打新标识上的电话号码，获取自己所购买的茶叶的有关信息，从而辨别茶叶的真假。

◎品质

西湖龙井素以"色绿、香郁、味甘、形美"四绝著称，驰名中外。春茶中的特级西湖龙井外形扁平光滑，苗锋尖削，芽长于叶，色泽嫩绿，体表无茸毛；汤色嫩绿（黄）明亮；有清香或嫩栗香，部分茶还带高火香；滋味清爽或浓醇；叶底嫩绿，尚完整。其余各级茶叶随着级别的下降，外形色泽由嫩绿到青绿，再到墨绿；茶身由小到大，茶条由光滑至粗糙；香味由嫩爽转向浓粗。四级茶开始有粗味，叶底由嫩芽转向对夹叶。

西湖龙井因采摘季节不同，外观色泽也略有不同。夏秋的西湖龙井色泽呈暗绿或深绿，茶身较大，体表无茸毛，汤色黄亮，有清香但较粗糙，滋味浓，略涩，叶底黄亮，总体品质较同级春茶差得多。

目前的机制龙井中，有全部用多功能机炒制的，也有用机器和手工辅助相结合炒制的。机制龙井茶外形大多呈棍棒状的扁形，欠完整，色泽暗绿，在同等条件下总体品质比手工炒制的差。

概括起来，西湖龙井有如下特点：

[外形] 扁平，光滑，挺直
[色泽] 嫩绿光润
[汤色] 清澈明亮
[香气] 清高持久
[滋味] 鲜爽甘醇
[叶底] 细嫩成朵

>>外形

>>汤色

>>叶底

西湖龙井干茶表面隐现茶毫，夹杂着一些棉絮状的小白球，这都是正常的现象：一是因为西湖龙井茶芽娇嫩，表面茸毛丰富，二是因为加工工艺特殊。为了造就西湖龙井扁平光滑的挺秀外形，制茶者在加工中用到了"抓、压、磨"的特殊手法，干茶表面的部分茸毛就被磨成了小白球，夹杂在茶叶里了。

◎储存

在贮存过程中，为防止西湖龙井吸收潮气和异味，减少光线和温度对其的不利影响，避免茶叶被压碎，损坏茶叶美观的外形，必须采取妥善的方法，以使茶叶的保存期延长。

炒制好的西湖龙井极易受潮变质，必须及时用纸包起来（一般每500克一包），放入底层铺有块状石灰（未吸潮风化的石灰）的茶罐中加盖密封贮存。贮存得法的话，经15～30天后，西湖龙井的香气会更加清高馥郁，滋味也会更加鲜醇爽口。保持干燥的西湖龙井贮存一年后仍能保持色绿、香高、味醇的品质。

◎冲泡须知

　　冲泡西湖龙井的最佳选择是虎跑泉水。虎跑泉水的得名，始于佛教传说。传说唐代高僧性空曾主在虎跑泉所在的大慈山谷，见此处风景优美，欲在此建寺，却苦于无水。一天，他梦见二虎刨地，青泉涌出。次日醒来后，果然发现有甘泉，此泉即被称为虎跑泉。今天的虎跑寺内还摆着大型雕塑《梦虎》，使得虎跑寺这座名寺有了画龙点睛的一笔。

　　虎跑泉水从石英砂岩中渗透而来，水色晶莹，清凉醇厚。虎跑泉与西湖龙井自古被称为"杭州双绝"，用虎跑泉水冲泡的茶别有一番滋味。游人来到这里，品一杯用虎跑泉水冲泡的西湖龙井，凭栏远眺，微风徐徐，眼中是看不尽的美景，手上是散发着香气的佳茗，真是"茶亦醉人何必酒，书能香我不须花"。

>> 杭州虎跑泉

冲泡西湖龙井时，要控制好水温，应用 75 ～ 85℃的水，千万不要用 100℃的水冲泡。因为西湖龙井是没有经过发酵的绿茶，茶叶本身十分娇嫩。如果用太热的水冲泡，会把茶叶烫坏，而且还会泡出一股苦涩的味道，影响口感。还有一点要谨记，就是要高冲低斟，因为高冲可增加水柱接触空气的面积，使冷却更加有效率。

茶叶的量以刚好能遮盖住茶杯底为宜。冲泡的时间要随着冲泡次数的增加而增加。品西湖龙井不仅是品味茶汤之美，还可以在冲泡过程中欣赏龙井茶叶旗枪沉浮之美。

冲泡西湖龙井宜采用中投法。

◎冲泡步骤

1.备具。准备好茶叶和茶具，一般使用透明玻璃杯（容量约 200 毫升）冲泡西湖龙井。先用足量温开水烫洗玻璃杯，然后将水倒掉，再加入适量温开水。（图 1）

2.投入约 5 克西湖龙井，静待茶叶慢慢舒展。（图 2 ～ 3）

3.待茶叶舒展后再加水。观看茶叶上下翻滚的美景，欣赏其慢慢展露的婀娜多姿的姿态。（图 4 ～ 7）

◎品饮

西湖龙井的特点是香高味醇，宜细品慢啜，非下功夫不能领略其香味特点。清代茶人陆次之曾赞曰："龙井茶，真者甘香而不冽，啜之淡然，似乎无味，饮过之后，觉有一种太和之气，弥沦于齿颊之间，此无味之味，乃至味也。为益于人不浅，故能疗疾，其贵如珍，不可多得。"上等龙井茶以黄豆为肥，所以在冲泡之初，会有浓郁的豆香。品饮欣赏，可感齿颊留芳，沁人肺腑。

洞庭碧螺春

◎佳茗简介

洞庭碧螺春属于绿茶，是中国十大名茶之一，产于江苏太湖洞庭山一带。太湖洞庭山一带水分充足，空气湿润，土壤属酸性土壤，十分适合茶树生长。又因为这一带的茶农常常把茶树和桃树、李树等果树间种，再加上茶叶采摘于早春时节，所以碧螺春还有独特的花香，因此也被叫作"吓煞人香"。

洞庭茶历史悠久，有史书记载："洞庭东山碧螺峰石壁，产野茶数株，土人称曰'吓煞人香'。"洞庭茶具体的起源时间已无法考证，但《太湖备考》一书中提到，此茶在隋唐时期就已经很有名气，被列为贡品。陆羽在《茶经》中列举茶叶产地时提到："苏州长洲生洞庭山。"据说，他在唐至德二年（757 年）三月与好友刘长卿一起到太湖考察茶事，在洞庭西山水月寺旁的墨佐君坛边采摘、品尝小青茶。这个小青茶，就是洞庭碧螺春的前身。

到了清朝，康熙皇帝南巡到太湖一带，当地巡抚献上洞庭茶给他品尝。康熙见此茶条索紧，形状酷似螺，边缘有均习的细白茸毛，颜色青翠碧绿，芳香四溢，茶汤一入口更觉鲜爽，便对此茶赞不绝口，问巡抚这是什么茶。巡抚回答："此茶名'吓煞人香'。"康熙一听，觉得这个名字不太文雅，有损此茶的清雅形象，当即赐名"碧螺春"，随行文武官员都觉得这个名字既文雅又形象。与此同时，碧螺春成为清朝历代的贡品，颇受皇室贵胄青睐。清代的《野史大观》中提到了当时碧螺春成为贡品的情景："自地方有司，岁必采办进奉矣。"清末震钧所编写的《茶说》中记载："茶以碧萝（螺）春为上，不易得，则苏之天池，次则龙井……"

1949 年后，当地为保留和发扬碧螺春的传统制作工艺和特色，建立了专门的茶叶生产车间，后来又建立了单独的江苏省洞庭茶厂，将碧螺春划分等级，统一包装销售，使碧螺春的质量、销量都得到了保证。周恩来总理对碧螺春一直情有独钟，1954 年去参加日内瓦会议，就携带了 1 千克洞庭碧螺春。据说他在接待外国友人的时候，也多用此茶。1972 年，美国国务卿基辛格来上海，周总理也用碧螺春招待他们，与众不同的沏泡方法，清新高雅的口味，令基辛格与在场的其他人士万分惊奇，赞叹不已。

在科技发展日新月异的今天，我国的茶业从栽种技术、制作技术到储存、销售都有所提高，产量和质量也飞速提升。碧螺春不再只是皇亲贵胄、富豪乡绅的私有物品，也不再只是中国的名茶，更是享誉世界的名茶。

洞庭碧螺春之所以能够久负盛名，经久不衰，除了产茶地天然的地理、气候条件十分优越外，更与茶人的辛勤付出、精心培育、潜心研制以及我国源远流长的茶文化息息相关。碧螺春如今能够享誉世界，不仅仅是因为它形、色、香、味俱全，还因为它有着厚重的华夏文明气息。

品碧螺春，品的不只是茶，更是一种文化，一种独具特色的中国文化。

◎产地分布与自然环境

洞庭碧螺春产于江苏省苏州市太湖洞庭山一带，号称"上有天堂，下有苏杭"的苏州不仅有洞庭山水之美，还有碧螺春茶之魅。中外游客到苏州不仅要欣赏洞庭山水，还必须品尝碧螺春。太湖洞庭山分为东山和西山两部分。东山是一个半岛，如同一叶靠岸停泊的轻舟；西山则如同一位孤傲的文士，屹立于洞庭湖的中央。洞庭东山的主峰是莫厘峰，海拔为293米。洞庭西山的主峰是缥缈峰，海拔为337米。

地理特点	洞庭碧螺春产地的地理坐标为北纬30°09′～30°46′和东经115°45′～116°30′，这里气候适宜，降水丰富，适合瓜果茶木的生长。	气候特点	太湖洞庭山的气候属于亚热带季风性湿润气候，春季低温阴雨，盛夏高温多雨，冬季温暖湿润。四季分明，降水丰富，光照充足，十分适合茶树的生长。
热量	该地年平均气温15.5～16.5℃。1月最冷，平均气温约3℃；7月最热，平均气温约28℃。年积温约为5482℃。年均无霜期233天。	水量	年降雨量1200～1500毫米，年均降水天数136天。
		光照	年平均日照时数2179小时。
土壤	该地土壤呈酸性或微酸性，pH值为4～6。土壤中有机质、磷含量较高，质地疏松。	植被	该地植被以阔叶林为主，果树较多，如枇杷、杨梅、李子、杏子、桃子、柑橘、柿子、银杏等。

◎选购

　　国家标准将碧螺春分为五级，分别为特一级、特二级、一级、二级、三级。随着级别的降低，茶叶表面茸毛逐渐减少。炒制时的锅温、投叶量、用力程度随级别降低而增加，即级别越低锅温越高，投叶量越多，做形时用力越重。除此之外，还有特级炒青和一级炒青两种。

　　特级碧螺春都为一芽一叶，白毫显露，色泽翠绿油润，汤色明亮，散发着持久的花果香，入口鲜爽味正。级别相对较低的茶叶多芽少，汤色较为浓绿，细腻润滑的口感相对较弱，甚至有些在刚入口时略显粗硬，当咽下之后又有鲜爽细腻的感觉。

　　茶叶等级有差别最主要的原因还是采摘时节的差别，一般等级高的茶叶都是在三月下旬采摘的，时节晚一些，茶叶等级就会下降。但是总体来说，洞庭碧螺春都具有"一嫩三鲜"的特点。

等级	外形	汤色	滋味	香气	叶底	备注
特一级碧螺春	条索纤细，卷曲如螺，满身披毫，银绿隐翠，色泽鲜润	嫩绿清澈明亮	甘醇鲜爽	嫩香清幽	嫩匀多芽	特一级碧螺春是碧螺春中的极品，挑拣的用时也比其他的茶叶多一倍
特二级碧螺春	条索纤细，卷曲如螺，白毫披覆，银绿隐翠	嫩绿明亮	鲜爽生津，回味绵长	清香文雅，浓郁甘醇	嫩匀多芽	特二级茶是碧螺春中的上品
一级碧螺春	条索尚纤细，卷曲如螺，白毫披覆，匀整	绿而明亮	鲜醇爽口	嫩爽清香	嫩绿明亮	挑拣一芽一叶炒制而成
二级碧螺春	卷曲如螺，白毫毕露，银绿隐翠，叶芽幼嫩	银澄碧绿	口味凉甜，鲜爽生津	清香袭人	嫩绿	二级茶叶质量好，价格合适，性价比最高
三级碧螺春	卷曲如螺，白毫披覆，银绿隐翠	鲜绿明亮	浓郁鲜爽	清香文雅	嫩绿	三级茶叶价格优势明显，质量也不差，是办公及居家日常用茶的首选
特级炒青碧螺春	卷曲如螺，白毫披覆	鲜绿明亮	口味稍浓，耐泡	清香怡人	嫩绿明亮	炒青绿茶因干燥方式采用炒干的方法而得名。按外形分为长炒青、圆炒青和扁炒青三类。由于叶片细嫩，加工精巧，茶叶冲泡后，多数芽叶成朵，清汤绿叶，香郁鲜醇，浓而不苦，回味甘甜。因产量不多，品质各有独特之处，所以又称为特种绿茶，多属历史名茶
一级炒青碧螺春	尚呈螺形，色泽深绿，尚整，稍有青壳碎片	黄绿	尚纯正	平和醇厚	尚嫩欠匀	

苏东坡曾说"从来佳茗似佳人"。赏茶是品茶必不可少的一个重要环节。《诗经》中形容美女是"手如柔荑，肤如凝脂，领如蝤蛴，齿如瓠犀，螓首蛾眉，巧笑倩兮，美目盼兮"，这是对美女的鉴赏，那该怎么鉴别碧螺春呢？

满身毛	碧螺春成品茶白毫披覆，茸毛紧贴茶叶，可按照茸毛的密度区分碧螺春的优劣。	蜜蜂腿	碧螺春的形状像蜜蜂的腿，这是区分真假碧螺春和加工技术好坏的重要特征之一。	铜丝条	碧螺春条索细紧重实，冲泡时迅速下沉，不浮在水面。

◎品质

洞庭碧螺春满身长有细小的茸毛，条索像铜丝一样纤细而重实，整体外形就像一只卷曲的螺。亥茶以"一嫩三鲜"著称，"一嫩"是指采摘时茶叶还只有一芽一叶，即俗称的"雀舌"；"三鲜"就是指茶叶色、香、味俱全。

等级高的碧螺春为一芽一叶的幼芽嫩叶，色泽翠绿油润，条索鲜嫩，均匀紧密，白毫显露，有独特的花果香，汤色鲜绿明亮，入口鲜爽味醇，为绿茶中的珍品。

在选购碧螺春的时候要注意，并不是颜色越绿，茶的品质就越好。选茶时，首先观察茶叶的色泽，天然的碧螺春色泽柔和，而加了色素的碧螺春看上去颜色发黑、发青、发暗，有一种明显的着色感，汤色看上去也较天然的茶更鲜亮，绿色明显，缺少黄色。另外，天然碧螺春表面的茸毛为白色，且是加了色素的碧螺春表面的茸毛多为绿色。

概括起来，碧螺春有以下几个特点：

外形	条索纤细匀整，形曲似螺，白毫显露
色泽	银绿润泽
汤色	嫩绿鲜亮
香气	清新淡雅的花果香或嫩香
滋味	鲜醇回甘
叶底	芽大叶小，嫩绿柔匀

>>外形

>>叶底

>>汤色

◎储存

碧螺春属于绿茶，绿茶在空气中容易氧化，即使是在合适的温度下也容易发酵，所以，碧螺春的储存就相当有讲究。传统的储存方法是用纸包起茶叶，然后在袋里装上块状的石灰，把茶和石灰间隔放置在缸中，加盖密封储存。石灰需要定期更换或者晾晒。

随着科学的发展，近年来常采用的储存方法是用三层塑料保鲜袋包装茶叶，分层紧扎，隔绝空气，放在10℃以下的冷藏箱或冰箱内储存。久贮年余，其色、香、味犹如新茶，鲜醇爽口。也可以将茶叶放入盛器，再给盛器套上一层保鲜膜密封好，放入冰箱冷藏。如果希望保存的时间更长，可以把密封好的茶叶放入冷冻室中，只是在取出茶叶饮用的时候，最好先将茶叶在常温下放置几个小时，以恢复碧螺春原有的香气。

储存碧螺春时，还要注意：

1. 盛器一定要干净没有异味，防止茶叶吸收异味、变质。

2. 盛器的密闭性要好，为了防止茶叶受潮或吸收异味，可以在盛器的盖口内垫上一两层干净的纸密封。

3. 应将装有碧螺春的盛器放在干燥、通风、避光的地方。

4. 不能将茶叶盛器放置在温度过高的地方，以防止茶叶陈化。

◎冲泡须知

冲泡碧螺春时，为了保证品质，如果有山泉水，则尽量用山泉水冲泡；如果没有，建议大家用优质的矿泉水冲泡。

洞庭碧螺春属于绿茶，适合用玻璃杯冲泡。最好选用没有任何花纹、透明的玻璃杯，杯子不要太厚，否则冬天泡茶杯子容易裂，容量以250毫升为宜。此外，要选择易于清洗的玻璃杯。

冲泡碧螺春时适宜采用玻璃杯泡法中的上投法。在洁净透明的玻璃杯内，冲入70～80℃的山泉水或矿泉水，取些许茶叶，将其轻轻投入水中，茶即沉底，有"春染海底"之誉。茶叶上带着细细的水珠，约两分钟后，只有几根茶叶在水上漂着，多数下落，慢慢在水底绽开，浅碧新嫩，香气清雅。三四分钟后就可以闻香、观色、品尝了。碧螺春的二泡、三泡水入口微涩，甘甜之味来得很慢，但在齿颊间的余香留存较久。

◎冲泡步骤

1.备具。准备好茶叶和茶具。（图1）

2.用适量开水烫洗玻璃杯。（图2）

3.将水倒掉。（图3）

4.再倒入适量温开水。（图4）

5.投入5克茶叶，待茶叶在水中逐渐伸展开，即可品饮。（图5）

◎品饮

品饮洞庭碧螺春时，先欣赏茶杯中碧绿通透、春意盎然的美景。独特的茶香缭绕，浓郁的茶汽氤氲，闭上眼睛深呼吸，那香、那浓直抵心扉。

轻轻尝上一小口，清雅、幽香、甘鲜从舌尖经由喉咙直达肠胃，通体舒畅之感油然而生。

再品一口，香气更芬芳，滋味更甘醇。

第三口茶入肚，再慢慢品味，你会觉得品尝的不仅仅是茶，更是人生百味。

| 黄山毛峰 |

◎佳茗简介

黄山毛峰是中国历史名茶之一，属于绿茶，产于安徽黄山。追溯黄山毛峰的历史，据《中国名茶志》引用《徽州府志》载："黄山产茶始于宋之嘉祐，兴于明之隆庆。"由此可知，黄山自宋朝开始产茶，在明朝的时候当地所产的茶成为名茶。这一点在《徽州府志》中也有记载："明朝名茶：……黄山云雾产于徽州黄山。"

明代许次纾的《茶疏》记载："天下名山，必产灵草，江南地暖，故独宜茶。……若歙之松萝，吴之虎丘，钱塘之毛峰，香气浓郁，并可雁行，与岕颉顽，往郭次甫亟称黄山……"《歙县志》中记载："旧志载明隆庆年间（1567–1572），僧大方住休宁松萝山，制茶精妙，郡邑师其法，因称茶曰松萝。"当时，黄山的紫霞峰所产的紫霞茶（也被称为松萝茶）被认为是上品。而当时与松萝山毗邻的歙县北源茶，也被称为北源松萝。《徽州府志·贡品》中记载："歙之物产，无定额，亦无常品。大要惟砚与墨为最，其他则以北源茶、紫霞茶。"可见北源茶与紫霞茶在当时都十分有名。

清朝光绪年间，黄山一带的绿茶开始外销，此地的谢裕泰茶庄附带收购了一小部分毛峰，远销关东，因为品质优异，深受欢迎，黄山毛峰也在这个时期成为俏销名茶。《安徽名特产》一书中，由歙县叶祖荫撰稿的《黄山毛峰》一章写道："《徽州商会资料》载：清光绪年间，歙县汤口谢裕泰茶庄试制少量黄山特级毛峰茶（当时黄山毛峰并未分级），远销东北，深受顾客喜爱，遂蜚声全国。"

1949年后，当地政府对茶叶发展十分重视。1984年，当地政府在富溪乡选点，于新田、田里两村13个村民组生产特级黄山毛峰。其中新田村充川（原名充头源）组生产的特级黄山毛峰品质最优。1985年，歙县茶叶公司在收购特级黄山毛峰时，提出以富溪乡充头源生产的特级黄山毛峰质量为标准。从事茶叶生产工作30余年、为歙县的茶叶生产做出了卓越贡献的高级农艺师李亚北，更是盛赞黄山毛峰为全国名茶珍品。

黄山毛峰在1955年被评为"中国十大名茶"之一，1982年获中国商业部"名茶"称号，1983年获中国外经贸部颁发的荣誉证书，1986年被中国外交部定为"礼品茶"。

◎产地分布与自然环境

黄山毛峰产自素有"天下第一奇山"的安徽黄山。其产地主要集中在黄山桃花峰的云谷寺、松谷庵、吊桥庵、慈光阁及其周围地区。黄山位于安徽省南部黄山市黄山区境内，南北长约 40 千米，东西宽约 30 千米，山脉面积为 1200 平方千米，核心景区面积约 60.6 平方千米。

清光绪年间，谢裕泰茶庄所产的黄山毛峰，其茶芽选自充头源茶园，所以，充头源也被看作黄山毛峰的发源地。此地位于黄山干脉南行而转东南向的第一个深山窄谷中，具有得天独厚的生态环境，实属"高山产好茶"。

>>毛峰茶芽

地理特点	黄山以主峰鼎立、群峰簇拥，多悬崖峭壁、深壑峡谷的峰林地貌为主。
热量	年均气温 8℃，夏季平均气温为 25℃，冬季平均气温在 0℃以上。
光照	该地日照时间短，全年平均有雾日 256 天。
植被	该地植被主要是常绿阔叶林。

气候特点	黄山处于亚热带季风气候区，由于山高谷深，气候呈垂直变化，山下降水量比山上少。
水量	年平均降雨天数 180 天，多集中于 4～6 月，山顶全年降水量在 2400 毫米左右。
土壤	该地土壤多属红壤、黄壤。土壤腐殖质丰富，疏松厚肥，且透水性好，还含有丰富的有机质和磷钾肥，适合茶树生产。

特级黄山毛峰形似雀舌，白毫显露，色似象牙。冲泡后，汤色清澈，滋味鲜浓、醇厚、甘甜，叶底嫩黄，肥壮成朵。因为采摘时间不同，所以叶片也由一叶、两叶到三叶不等，芽头逐渐瘦小，色泽也稍有差异。

◎选购

黄山毛峰成名已久，品牌众多，目前著名的有一品珍茗、特供国宾礼茶、金奖顶芽等。

一品珍茗：此茶要求鲜叶采摘于清明前的三四天，并且要在最短的时间内手工炒制，经过16道纯手工程序方能制成，25000个茶芽只能制作出不到500克的新茶。所以一品珍茗的年产量一般还不到50千克，显得尤其珍贵。

特贡国宾礼茶：清朝光绪年间，谢正安创制的黄山毛峰被列为贡茶，朝廷也将此茶作为国礼赠送给英国皇室。1986年，该茶被中国外交部正式定为"礼品茶"，目前已经出口到几十个国家，深受国际友人的欢迎。

金奖顶芽：此茶亦由谢正安创制。2002年，在韩国的第四届国际名茶评比大会上，该茶以其优美的外形、靓丽的色泽、独特的兰香得到专家的高度赞扬，获得了金奖，名扬四海。

黄山毛峰以所采芽叶为主要分级依据，分为特级、一级、二级、三级四个等级。特级和一级为名茶。

［特级］一芽一叶初展。

［一级］一芽一叶开展和一芽二叶初展。

［二级］一芽二叶开展和一芽三叶初展。

［三级］开展的一芽一叶、一芽二叶、一芽三叶。

特级黄山毛峰采摘于清明和谷雨前，以一芽一叶初展为标准，选用芽头壮实、茸毛多的鲜叶，经过轻度摊放后进行高温杀青、理条炒制、烘焙而制成。成品毛峰条索细扁，形似雀舌，带有金黄色鱼叶，这是它和其他毛峰的最大区别。

◎品质

黄山毛峰的品质可以用八个字形容，那就是"香高、味醇、汤清、色润"。从产地来看，桃花峰、云谷寺、慈光阁、吊桥庵、岗村、充川等地的黄山毛峰品质较好。

上好的黄山毛峰都是纯手工加工制作而成的，对各道工序都要求精细，细致的茶人不仅在制作之前要进行拣剔，去除老、杂的原料，在出售前，仍要经拣剔去杂质，再行复火，使茶香透发，而后趁热包装密封，才能销售。选购时应注意：等级高的黄山毛峰色泽嫩黄，绿带金黄；中档的色泽黄绿，略带金黄；低档的色泽呈青绿或深绿色。

概括地说，黄山毛峰的显著特点是：

外形	条索扁平，形似雀舌
色泽	绿中泛黄，莹润有光泽
汤色	清澈透亮，翠绿泛黄
香气	清香高长，酷似白兰
滋味	鲜浓醇厚
叶底	嫩黄，肥壮成朵

>>外形

>>叶底

◎储存

储存黄山毛峰时，可以先将茶叶用塑料袋密封好，然后放进冰箱里贮存，这种方法一般可以将茶存放一年半到两年的时间。还可以选用密封干燥保存法，就是选择有盖的陶器或者铁器，将用布袋装好的生石灰均匀地放在容器底部，再把分成小包密封好的茶叶放在布袋上，然后盖好盖子就行了。用这种方法储存，茶叶大概可以保存一年以上的时间。石灰最好每三四个月更换一次。

>>汤色

◎冲泡须知

黄山毛峰属于名品绿茶，与西湖龙井、洞庭碧螺春一样，适宜用玻璃杯来冲泡。此外，在冲泡时有以下几点需要格外注意，只有掌握了正确的冲泡方法，才能更好地展现出茶的品质。

比例	冲泡黄山毛峰时，茶与水的比例以1：50为宜。

时间	冲泡黄山毛峰的时间一般为3～6分钟。泡久了会影响茶的口味。

水温	黄山毛峰嫩度很高，所以应该用温度相对低一点的水冲泡，通常水温不得高于85℃，才能使茶水绿翠明亮，香气纯正，滋味甘醇。

次数	冲泡黄山毛峰时，一把茶叶一般泡3～4次就可以了。俗话说："头道水，二道茶，三道四道赶快爬。"意思是说第一道茶并不是最好的，第二道味道正好，喝到三道、四道就可以换茶了。

◎冲泡步骤

冲泡黄山毛峰时一般有以下几个步骤：

1.将黄山毛峰放入杯中，先倒入少量温开水，以浸没茶叶为度，加盖闷3分钟左右。（图1～2）

2.再加入温开水至七八成满，便可趁热饮用。（图3～5）

泡黄山毛峰时，若水温高、茶叶嫩、茶量少，则冲泡时间可短些；反之，时间应长些。一般泡后加盖闷3分钟，茶中内含物会浸出55%，香气挥发正常，此时饮茶最好。

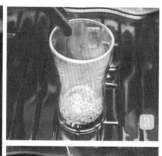

庐山云雾 |

◎佳茗简介

庐山云雾茶因产于江西庐山而得名，属于绿茶，为中国十大名茶之一。庐山云雾茶历史悠久，始于汉朝，距今已有1000多年的历史。《庐山志》记载："东汉时，……僧侣云集。攀危岩，冒飞泉。更采野茶以充饥渴。各寺于白云深处劈岩削谷，栽种茶树，焙制茶叶，名云雾茶。"说的就是东汉时，佛教传入我国后，很多佛教徒在庐山兴修寺庙，并且常常攀山采茶种茶。

唐朝时，庐山的云雾茶更是受到文人墨客的青睐。白居易就曾在庐山定居，并且写下"药圃茶园为产业，野麋林鹤是交游"的诗句。

北宋时，庐山云雾被列为贡品。

明朝时，朱元璋曾屯兵于庐山天赤峰附近。在他建立明朝之后，庐山名气更旺，云雾茶也从这个时候开始迅速闻名全国。万历年间，李日华在《紫桃轩杂缀》中写道："匡庐绝顶，产茶在云雾蒸蔚中，极有胜韵。"

清朝时，庐山的茶业已经相当兴盛。清代的李绂在《六过庐记》中写道："山中皆种茶，循茶径而直下清溪。"描写的就是庐山当时兴盛的茶业。

1949年之后，庐山云雾茶逐渐进入国际市场，深受欢迎。

1971年，庐山云雾茶被列为中国绿茶中的特种名茶。

1982年，庐山云雾茶在全国名茶评比中被评为"中国名茶"。

1989年，庐山云雾茶获得中国食品博览会金牌。

2005年，庐山云雾茶在第二届中国国际茶叶博览会上获得金奖。

2006年10月，在北京举行的第三届中国国际茶叶博览会上，庐山云雾茶再次获得金奖。

庐山云雾茶历史悠久，品质优良，与庐山美景一起传承和发扬着中国深厚的历史文化。它既是中国人的骄傲，也是世界的一大宝贵财富。

◎产地分布与自然环境

　　庐山云雾茶的产地庐山位于江西省北部，北临长江，南邻鄱阳湖。苏东坡有诗云："横看成岭侧成峰，远近高低各不同。不识庐山真面目，只缘身在此山中。"庐山群峰林立，连绵挺拔，气势宏伟，自古就是我国著名的风景名胜区。庐山独特的气候条件更是造就了云雾茶的独特品质。庐山云雾茶的主要产区基本上分布在海拔 800 米以上的含鄱口、五老峰、汉阳峰、小天池、仙人洞等地。

>>茶芽

地理特点	庐山风景独秀，林木茂密，山泉奔涌，多奇峰峻岭、断崖峭壁，整体地形外陡里平。
热量	最热月平均气温约 22℃，极端最高气温达 32℃；最冷月平均气温 0℃，极端最低气温在 −17℃左右。
土壤	该地区土壤具有多样性，以红壤和黄壤为主，土层深厚，土壤疏松，有机质丰富，呈酸性。

气候特点	庐山春迟、夏短、秋早、冬长，处于亚热带季风区，雨量充沛，具有鲜明的山地气候特征，季节平均温差不大，早晚温差大。
水量	全年平均降雨量 1900 毫米。
光照	日照时间短，年平均有雨日 170 天，有雾日 190 天。
植被	该地区植被呈垂直分布，有常绿阔叶林，常绿、落叶阔叶混交林，落叶阔叶林，针叶林。

◎选购

　　庐山云雾茶分为五个等级，最好的为明前茶，然后依次是清明茶、谷雨茶、夏茶和秋茶。购买庐山云雾茶时，可用以下方法加以辨别：

看颜色	颜色嫩绿的茶为优，颜色偏黄的次之，颜色偏黑的再次之。	看形状	芽尖肥大、多白毫者为优。	看干燥度	用手指捻揉茶叶，看其水分含量，水分含量越低，茶的品质越好。
闻异味	辨别是否有异味，有异味者可能已变质。			品尝	根据口感和滋味鉴别。优质庐山云雾茶耐冲泡，汤色青翠，芳香似兰，滋味回甘。

◎品质

庐山云雾茶的采摘极为讲究，以一芽一叶初展为标准，选取长约3厘米的芽叶，而且严格要求"三不采"：紫芽不采，病虫叶不采，雨水叶不采。经过杀青、抖散、揉捻、初干、搓条、做毫、再干等工序制成。庐山云雾有"六绝"的名号，这是指其具有"茶芽肥壮、青翠多毫、汤色明亮、叶嫩匀齐、香气持久、醇厚味甘"的特点。受庐山凉爽多雾、日光直射时间短等条件影响，庐山云雾茶叶厚、毫多、醇甘耐泡的特质明显。

概括起来，庐山云雾茶有如下特点：

| 外形 | 条形紧细，青翠多毫
| 色泽 | 碧嫩
| 汤色 | 清淡，宛若碧玉
| 香气 | 香幽如兰
| 滋味 | 浓厚，鲜爽持久
| 叶底 | 嫩绿匀齐

>>外形

>>汤色

>>叶底

◎储存

庐山云雾茶的保存方法和其他茶大致相同，只是因为其具有兰香，所以更适合选择木制器皿或者竹罐作为储茶器具，这两种材质的茶具不仅古朴典雅，而且能够保持庐山云雾茶的天然香气。

◎冲泡须知

冲泡庐山云雾茶时尽量不要选用自来水，以山泉水为佳。若用庐山的山泉沏茶，其滋味会更加香醇可口。

因庐山云雾茶条索精壮，所以冲泡时宜采用上投法。使用上投法，能清晰地看到茶叶投入杯中之后，一部分茶叶直线下沉，一部分茶叶缓缓上升，茶叶"欢快舞动"的景观。茶与水的比例控制在1：50左右，水温控制在85℃左右即可。

◎冲泡步骤

1. 备具。倒入适量温水烫洗玻璃杯。（图1）
2. 将水倒掉。（图2）
3. 再倒入适量85℃的温开水，然后投入5克茶叶。（图3）
4. 待茶叶在水中逐渐伸展开，即可品饮。（图4）

◎品饮

庐山云雾茶汤颜色青翠鲜亮，滋味浓厚幽香，带有淡淡的兰花气息，味道比龙井更加醇厚。翠绿的茶叶绽放于茶杯中，犹如春雨之后的万千新笋，挺拔直立。轻轻饮上一口，甘爽幽香在舌尖弥漫，万般风物也在心底浮现。

| 六安瓜片 |

◎佳茗简介

"天下名山，必产灵草，江南地暖，故独宜茶，大江以北，则称六安。"这是明代茶学家许次纾所著《茶疏》开卷的第一段话。

六安瓜片是国家级历史名茶，也是中国十大名茶之一。六安瓜片又名片茶，为绿茶中的特种茶类，是采自当地特有品种，经扳片、剔去嫩芽及茶梗，通过独特的传统加工工艺制成的形似瓜子的片形茶叶。传统的六安瓜片采制工艺有四个独特之处：

一是摘茶要等到"开面"。六安瓜片的采摘与众不同，是取茶枝的嫩梢壮叶，即新梢长到一芽三叶或一芽四叶时开面、叶片生长基本成熟后再摘叶，此时茶叶肉质醇厚。六安瓜片是绿茶当中营养价值最高的茶叶，因为片茶的生长周期长，光合作用时间就长，储蓄的养分就多。

二是鲜叶要扳片。采摘回来的鲜叶，经过摊凉、散热，再进行手工扳片，将每一枝芽叶的叶片与嫩芽、枝梗分开，嫩芽炒"银针"，茶梗炒"针把"，叶片分老嫩片，炒制成"瓜片"。扳片在我国绿茶初制工艺中是一道独一无二、十分科学的工序。扳片的好处在于，既可以摘去叶片，分开老嫩，除杂去劣，保持品质纯正和卫生，又可以通过扳片促进叶内多酚类化合物及蛋白质的转化，改善成茶的滋味和香气。

三是老嫩分开炒。炒片分生锅和熟锅，每次投鲜叶50～100克，生锅高温翻抖杀青，熟锅低温炒拍成形。

四是炭火拉老火。炒后的湿坯茶经过毛火、小火、混堆、拣剔，再拉老火至足干。拉老火是片茶成形、显霜、发香的关键工序，人称"一绝"。拉老火采用木炭，用明火快烘，烘时由两人抬烘笼，上烘2～3分钟翻动一次，上下抬烘70～80次即成。有人形容该场景"火光冲天，热浪滚滚，抬上抬下，以火攻茶"。

◎产地分布与自然环境

六安瓜片产地位于安徽省六安市，其中尤以金寨齐山周围所产的瓜片为珍品，故金寨产的瓜片又名"齐山云雾"。

金寨县是革命老区，全县地处大别山北麓，高山环抱，云雾缭绕，气候温和，生态环境良好，因此六安瓜片是真正的在大自然中孕育而成的绿色饮品。

>>大别山

地理特点	六安地势西南高峻，东北低平，呈梯形分布，形成山地、丘陵、平原三大自然区域。
热量	海拔 100 ~ 300 米的地区，年平均气温 15℃；海拔 300 米以上的地区，平均气温低于 14℃。7 月平均气温约 28℃，1 月平均气温约 2℃。
光照	全年日照 1876 ~ 2003.5 小时，年日照百分率（即实际日照时间与可能日照时间之比）在 50% 左右。
土壤	该地土壤类型比较复杂，主要是黄棕壤，土壤 pH 值在 6.5 左右。土壤质地疏松，土层深厚，茶园多在山谷之中，生态环境优越。

气候特点	该地位于亚热带向暖温带过渡的地带，四季分明，气候温和，雨量充沛，光照充足，无霜期长。
水量	年平均降水量 1200 ~ 1400 毫米，年平均降水天数为 125 天，常年相对湿度 80%，属湿润地带。
植被	该地主要植被为亚热带常绿、落叶阔叶混交林。常绿阔叶林比例较小，只见于山区低海拔、局部避风向阳的湿润谷地；落叶阔叶林比例大，形成了利于茶树生长的土壤环境。

◎选购

六安瓜片根据品质特征共分为极品、精品、一级、二级、三级五个等级。不同等级六安瓜片的特征如下：

等级	形状	色泽	嫩度	净度	香气	滋味	汤色	叶底
极品	瓜子形，大小匀整	宝绿有霜	嫩度高，显毫	无芽梗、漂叶	清香，香气高长持久	鲜醇，回味甘甜	清澈明亮	嫩绿鲜活
精品	瓜子形，匀整	翠绿有霜	嫩度好，显毫	无芽梗、漂叶	清香，香气高长	鲜爽醇厚	清澈明亮	嫩绿鲜活
一级	瓜子形，匀整	色绿有霜	嫩度好	无芽梗、漂叶	清香，香气持久	鲜爽醇和	黄绿明亮	黄绿匀整
二级	瓜子形，较匀整	色绿有霜	较嫩	稍有漂叶	香气较醇和	较鲜爽醇和	黄绿尚明	黄绿匀整
三级	瓜子形	色绿	尚嫩	稍有漂叶	香气较醇和	尚鲜爽醇和	黄绿尚明	黄绿匀净

我们可以用以下四种方式鉴别六安瓜片的品质：

一 嚼　好的六安瓜片应具备头苦尾甜、苦中透甜的特点，细嚼后，略用纯净水漱口，口中会有一种清爽甜润的感觉。

二 看　好的六安瓜片外观应铁青（深青色）透翠、颜色一致。

三嗅	好的六安瓜片香气甘醇、清爽。在嗅的过程中，还可以闻出茶叶是否有异味，判断其是否已经变质。	四尝	通常是先缓缓地喝两口茶汤，再细细品味，正常的六安瓜片味微苦，细品又能感觉到丝丝的甜味。

◎品质

六安瓜片成品茶与其他绿茶大不相同，叶缘向背面翻卷，呈瓜子形，叶片自然平展，色泽宝绿，大小匀整，每一片均不带芽和梗。其内质香气清高，汤色碧绿，滋味回甜，叶底厚实明亮。假的六安瓜片味道较苦，颜色比较黄。

六安瓜片的采摘季节较其他高级茶迟约半个月以上，位于高山区的茶叶采摘季节则更迟一些，多在谷雨至立夏之间。六安瓜片工艺独特，一直采用手工生产的传统采制方法，生产技术和品质风味都带有明显的地域性特色。这种独特的采制工艺，形成了六安瓜片的独特风格。

概括起来，六安瓜片具有以下几个特点：

[外形] 片卷顺直，形似瓜子

[色泽] 色泽宝绿，起润有霜

[汤色] 绿中透黄，清澈明亮

[香气] 回味悠长

[滋味] 鲜醇回甜

[叶底] 叶底嫩黄，整齐成朵

>>外形

>>汤色

>>叶底

◎储存

六安瓜片比较适合冷藏储存，这样可以保持茶叶的新鲜与香气。需要注意的是，保存茶叶的冰箱必须卫生、清洁、无异味，同一个空间内不能保存除茶叶以外的东西。

◎冲泡须知

冲泡六安瓜片时，最好用六安地区的山泉水或其他山泉水。没有山泉水的话，可用纯净水代替。

六安瓜片一般用80℃沸腾过的水泡两三分钟即可饮用，适宜用下投法冲泡。如水温较高、茶叶较嫩或茶量较大，头一道可立刻倒出茶汤，第二道可半分钟后倾倒茶汤。以后每道可适当延长时间，使茶中剩余的有效成分得以充分地浸泡出来。如果水温不高、茶叶较粗老或茶量较小，冲泡时间应酌情延长，但不能浸泡过久，否则会导致汤色变暗，香气散失，有闷味而且部分有效成分被破坏，无用成分析出，茶汤会有苦涩味或其他不良味道，品质随之降低。

◎冲泡步骤

1. 准备一只容量大约150毫升的无色无花白色瓷杯，用开水将杯子烫洗干净。

2. 放3克左右的六安瓜片于杯中。

3. 缓缓注入少量80℃的沸腾过的水，使茶芽完全浸没。

4. 大约15秒钟之后，茶芽开始湿润，再注入同样温度的水，水大约七分满即可。

5. 等待3分钟后，可见到部分茶芽开始缓缓坠落于杯底，渐渐地，下落的茶芽越来越多，可见茶芽条条挺立，上下交错，如同刀戟陈列，颇具气势。将茶汤过滤后倒入杯中即可饮用。

◎品饮

首先闻其香。靠近杯口或碗口，感受是否有悠悠的清香。

其次望其色。查看汤色，六安瓜片的茶汤一般是清汤透绿的，没有一点浑浊。一般来说，谷雨前十天采摘的茶，泡后叶片颜色为淡青色，不匀称。谷雨前后采摘的茶，泡后叶片颜色一般是青色或深青色的，而且匀称，茶汤相应也浓些，若泡的时间久一点儿，颜色会更深。

再次品其味。通常是先慢喝两口茶汤，再细细品味，感受微苦和丝丝的甜味交融的味道。

最后观其形。冲泡后，茶叶先浮于上层，随着叶片的展开，会自上而下陆续下沉至杯底或碗底，由原来的条状变为叶片状，叶片大小相似。

六安瓜片第一泡的茶汤鲜醇、清香，品饮时应细细品味。茶汤余下三分之一水量时应续水，此为第二泡，茶汤最浓，滋味最佳，饮后齿颊留香，回味无穷。第三泡茶味已淡，香气亦减。

| 信阳毛尖 |

◎佳茗简介

信阳毛尖也称豫毛峰，属绿茶，产于河南省信阳市。信阳产茶的历史可追溯到周朝。著名茶学家陈椽教授在《茶业通史》一书中称："西周初年，云南茶树传入四川，后往北迁移至陕西，以秦岭山脉为屏障，抵御寒流，故陕南气候温和，茶树在此生根。因气候条件限制，茶树不能再向北推进，只能沿汉水传入东周政治中心的河南（东周建都河南洛阳）。茶树又在气候温和的河南南部大别山信阳生根。"1987年，信阳固始县的古墓中发掘出了茶叶，考古专家经研究得出结论：此茶距今已经有2300多年的历史。

唐代，陆羽在《茶经》中把出产茶叶的信阳归到了其划分的八大茶区之一的淮南茶区。旧信阳县志记载："本山产茶甚古，唐地理志载，义阳（今信阳市）土贡品有茶。"

宋朝，茶业得到进一步发展。苏东坡曾经称赞说："淮南茶信阳第一。"在宋朝的《宋史·食货志》和宋徽宗赵佶的《大观茶论》中，信阳茶皆被列为名茶。

清朝是河南茶业发展的又一兴盛期。在这一时期，制茶技术逐渐精湛，茶叶品质也越来越讲究。经过不断地研制和创新，信阳茶叶在1911年的时候已经初具信阳毛尖的雏形。后来，信阳茶区又成立了五大茶社，茶社都注重制作技术上的引进和学习，信阳茶叶的加工技术也更加精湛。1913年，一批本土生产出的高品质毛尖被命名为"信阳毛尖"。

1915年，信阳毛尖荣获巴拿马万国博览会金奖。

1959年，信阳毛尖被评为"中国十大名茶"之一。

1985年，信阳毛尖获中国质量奖银质奖。

1982年、1986年，信阳毛尖被评为部级优质产品，荣获"全国名茶"称号。

1990年，龙潭信阳毛尖茶代表信阳毛尖参加国家评比，荣获中国质量奖金质奖。

1991年，在杭州国际茶文化节上，信阳毛尖被授予"中国茶文化名茶"称号。

1999年，"五云山"牌信阳毛尖荣获昆明世界园艺博览会金奖。

如今，信阳毛尖已经享誉世界，远销日本、美国、马来西亚等多个国家和地区，成为当之无愧的世界名茶。

◎产地分布与自然环境

　　信阳毛尖的产地界定如下：北到淮河，南到大别山北坡的谭家河、李家寨、苏河、卡房、箭厂河、田铺、周河、长竹园、伏山、苏仙石、陈琳子等乡镇沿线，西到桐柏山与大别山连接处的王岗、高梁店、吴家店、游河、董家河、浉河港等乡镇沿线，东到固始县泉河流域的陈集、泉河铺、长广庙、黎集等乡镇。具体包括浉河区、平桥区、罗山县、光山县、新县、商城县、固始、潢川县管辖的 133 个乡镇。

　　信阳毛尖的驰名产地是"五云两潭一寨"，即车云山、连云山、集云山、天云山、云雾山、白龙潭、黑龙潭、何家寨。俗话说，高山云雾出好茶。"五云两潭一寨"海拔均在 300 ～ 800 米之间，所产毛尖茶质量最优。

地理特点	该地地势南高北低，山势起伏多变，呈现出形态多样的阶梯地貌。	气候特点	该地位于亚热带向暖温带过渡的地带，季节气候差异明显，雨量丰沛，空气湿润，日夜温差大。
热量	年平均气温 15.1 ～ 15.3℃，无霜期长，平均 220 ～ 230 天。	水量	年均降雨量 900 ～ 1400 毫米，相对湿度约 77%。

光照	日照时数年均 1900 ～ 2100 小时。

土壤	茶园土壤多属红壤、黄壤及其变种，以红泥沙土、红黏土、黄泥土等为主。岩质以花岗岩、凝灰岩、流纹岩为主。土壤 pH 值为 4.5 ～ 6.5。	植被	植被主要是以常绿阔叶树为主的常绿和落叶混交林，以及人工培育的马尾松林和毛竹林等。

>> 茶园

◎选购

信阳毛尖被称为"豫毛峰",却不是所有的信阳毛尖都叫豫毛峰。真正的豫毛峰对品质要求很高,一般需符合三大标准:

第一,产于绿茶的天然最佳产区——北纬32°;

第二,生长在完美的茶园生态环境——高山深谷中;

第三,采摘于最适宜采茶的季节——清明前后。

信阳毛尖属于绿茶,茶汤中主要呈味物质有氨基酸、生物碱和茶多酚,三种呈味物质的含量不同导致了整体口感的差异。信阳毛尖茶汤的口感有点苦和涩,如果茶的清香覆盖了苦涩感,就说明这是特级信阳毛尖;随着等级的降低,香味慢慢减少,苦味开始出现。简而言之,没有苦和涩、只有板栗香的是特级茶,有清香、苦而不涩的是春茶,而涩的信阳毛尖一般是夏茶或陈茶。

根据采摘时间的不同,信阳毛尖分为以下几个等级:

明前茶:采于清明前的茶。这期间采摘的茶叶嫩,喝着有种淡淡的香。因为生长速度慢,几乎100%为嫩芽头,是信阳毛尖中级别最高的茶。它的最大特征是芽头细小多毫,汤色明亮。

雨前茶:采于清明后、谷雨前的茶。春季温度适中,雨量充沛,茶叶的生长正处在关键期,一芽一叶正式形成。此时的茶泡好后条形虽然次于明前茶,但是味道稍微加重了。

春尾茶:采于谷雨节气后、春季将要结束时的茶。此时的茶的条形虽不能和明前茶、雨前茶相比,但是茶叶耐泡好喝,价格相对比较便宜,适合大众。

另外,还有夏茶和白露茶。夏茶的叶子比较宽大,茶水浓厚,略带苦涩,香气不如春茶浓,但经久耐泡。白露茶指8月以后采制的当年余茶,此时的茶叶片没有春茶鲜嫩,不经泡,味道也没有夏茶苦涩,具有独特的甘醇清香,也受到很多爱茶之人的喜爱。

　　外形细、圆、直、光、多白毫，这是信阳毛尖的五大特点。真正的信阳毛尖汤色明亮，呈嫩绿或黄绿色，滋味鲜浓醇厚，回甘持久，芽叶着生部位为互生，嫩茎呈圆形，叶缘有细密的小锯齿，叶片肥厚，有绿色光泽。冒牌的信阳毛尖汤色深绿、灰暗，无茶香或是茶香不纯正，滋味苦涩、有异味，芽叶着生部位一般为对生，嫩茎一般为方形，叶缘少锯齿，叶片暗绿，叶底薄亮。

　　除此之外，新茶颜色鲜亮，有光泽，白毫显露，茶汤淡绿，芳香持久。陈茶颜色暗淡，白毫稀少，茶汤颜色不够明亮，香气略带陈味，浸泡五分钟即开始泛黄。

◎品质

　　上好的信阳毛尖纯芽都为 100% 的单芽，且带有淡淡的兰花香或桂花香。次芽有少量一芽一叶掺杂其中，一般为板栗香。包芽基本上为一芽一叶，芽头壮硕，芽叶细嫩，为自然茶香，味道微苦。信阳毛尖中品质最优的为豫毛峰，该茶产于信阳的茶叶核心产区、原生态高山茶厂。制茶时，将采摘的最完整、鲜嫩的茶芽在第一时间加工制作。

　　另外，优质的信阳毛尖颜色鲜润干净，不含丝毫杂质，汤色明亮，呈嫩绿或黄绿色；劣质信阳毛尖汤色呈深绿色，混浊发暗，且没有茶香味。

　　总的来说，信阳毛尖具有如下特点：

外形	细秀圆直，隐显白毫
色泽	鲜亮，泛绿色光泽
汤色	淡绿，明亮
香气	浓郁栗香，香气持久
滋味	爽口清甜
叶底	细嫩匀整

>>外形

>>汤色

>>叶底

◎储存

　　保存信阳毛尖时，要保证环境密闭、干燥、无异味，以放在冰箱中冷藏为最佳。忌长时间暴露于空气当中，尤其是在气温较高的夏季。

◎冲泡须知

　　冲泡信阳毛尖时，最好用山泉水，忌用自来水，水温应控制在 75℃ 左右，水温过高会使茶叶和汤色变黄，茶叶不能在杯中直立，失去欣赏价值，还会破坏茶叶所含的维生素等营养物质，影响茶的质量和口味。

冲泡时，茶叶与水的比例一般为1：50。通常信阳毛尖冲泡3分钟即可饮用。泡的时间越长，芳香越淡，苦涩味越浓。

◎冲泡步骤

1. 备具。准备好茶叶和茶杯。（图1）
2. 烫洗茶具。（图2）
3. 在杯中投入3克左右的茶叶。（图3）
4. 再注入适量温开水，约占杯体容量的四分之一。（图4）
5. 迅速将注入的水倒出，此为洗茶。（图5）
6. 再次注入开水至八分满。（图6）
7. 静待3分钟左右，即可品饮佳茗。（图7）

◎品饮

信阳毛尖香高、味浓、汤色绿。轻啜一口，满口生津，芳香甘美，回味无穷。上等的信阳毛尖有兰香、桂香或板栗香。

信阳毛尖的口感在中国名茶中算是特殊的，第一道茶味最苦，喝不惯毛尖的人一般会从第二道、第三道开始喝，但对于喝惯毛尖的人来说，品第一道茶的苦涩味才是最大的享受。之后涩味就会慢慢变淡，细细的清香和淡淡的甜味就会慢慢地在嗓子里酝酿出来。优质信阳毛尖耐泡，一般冲泡3～5道仍有较浓的熟果香味。

安吉白茶 |

◎佳茗简介

安吉县位于浙江省北部，这里山川峻秀，绿水长流，是中国著名的竹子之乡。安吉白茶为浙江名茶中的后起之秀，它是采用绿茶加工工艺制成的，属绿茶类。

安吉地处天目山北麓，这里群山起伏，树竹成荫，云雾缭绕，雨量充沛，土壤肥沃。安吉还有"中国竹乡"之称，植被覆盖率为60%。安吉全年气候温和，无霜期短，冬季低温时间长，空气相对湿度为81%，土壤中含有较多的钾、镁等微量元素。这些特定的条件为安吉白茶提供了良好的生长环境，有利于安吉白茶中氨基酸等营养物质的形成和积累，为茶叶香郁味鲜的品质奠定了基础。

>>外形

◎品质

[外形] 挺直略扁，形如兰蕙
[色泽] 翠绿，白毫显露
[叶底] 芽叶朵朵可辨，筋脉翠绿
[汤色] 嫩绿明亮
[香气] 高扬持久
[滋味] 甘而生津

>>叶底

◎冲泡须知

由于安吉白茶原料细嫩，叶张较薄，因此冲泡时水温不宜太高，一般控制在80～85℃为宜。

冲泡安吉白茶时宜选用透明玻璃杯或盖碗。通过玻璃杯可以尽情地欣赏安吉白茶在水中的千姿百态，观其叶白脉翠的独特之处。

◎冲泡步骤

1. 备具，准备玻璃杯（容量约200毫升）和茶叶。（图1）
2. 往玻璃杯中倒入适量开水，烫洗玻璃杯。（图2）
3. 将水倒掉。（图3）
4. 往玻璃杯内投入5克茶叶。（图4）
5. 往杯内倒入水至八分满。（图5）
6. 欣赏茶舞后即可饮用。（图6）

>>汤色

安吉白茶不是白茶吗?

　　虽然名字里带"白茶"两个字,但是安吉白茶是绿茶而不是白茶,因为它是按照绿茶的加工工艺制成的,生产过程包括杀青、揉捻、干燥三道工序,而白茶是微发酵茶,加工工艺中不包括杀青的环节。安吉白茶之所以名字里带"白茶"两字,是因为它的茶树的嫩叶呈白色。

婺源茗眉

◎佳茗简介

　　婺源茗眉是绿茶中的珍品之一，因其条索纤细如仕女之秀眉而得名。它产于江西省婺源县，鄣公山、溪头、江湾、沱川、古坦、段莘等地为婺源茗眉的天然产地，这里也是江西省的主要绿茶产区之一。特别是海拔1000余米的鄣公山，它地处赣东北山区，为怀玉山脉和黄山余脉所环抱，地势高峻，峰峦耸立，年均气温约17℃，昼夜温差在10℃以上，年降水量在2000毫米左右，雨量充沛，相对湿度为83%，无霜期达250天，气候温和，全年雾日在60天以上，土壤多为红壤、黄壤，腐殖层深厚，土壤肥沃，具有栽培茶树的优越自然条件。该地种植的茶树萌芽期早，叶质肥厚柔嫩，营养成分丰富。

　　正常年景，新茶一般在谷雨前十天内即可产出，叶片营养格外丰富的茶一般在谷雨前后几天内产出。

>>外形

>>叶底

>>汤色

◎品质

[外形] 弯曲似眉，紧细纤秀

[色泽] 翠绿光润，银毫披露

[叶底] 柔嫩完整

[汤色] 黄绿清澈

[香气] 带兰花香，香浓持久

[滋味] 浓而不苦，回味甘甜

◎冲泡步骤

1.备具，赏茶。（图1）

2.烫洗玻璃杯后，将适量茶叶放入杯中。先注入少量热水，浸润一下茶叶。（图2）

3.待茶叶舒展后，再注水。（图3）

4.手持水壶往茶杯中注水时，采用"凤凰三点头"的手势，用注入的热水高冲茶叶,使其上下浮动,注水至水面离杯沿1～2厘米处即可。(图4)

5.静待茶叶一片一片下沉，欣赏其慢慢展露的婀娜多姿的姿态。（图5）

| 竹叶青 |

◎佳茗简介

竹叶青又名青叶甘露，产于四川省峨眉山市及其周边地区。竹叶青属于扁平形炒青绿茶，其清醇、淡雅的品质有口皆碑。

竹叶青是 20 世纪 60 年代创制的名茶，其茶名是陈毅元帅所取。1985 年，竹叶青在葡萄牙举办的第 24 届国际食品质量博览会上获金质奖。1988 年，又荣获中国食品博览会金奖。

峨眉山产茶历史悠久，唐代就有白芽茶被列为贡品。宋代诗人陆游有诗曰："雪芽近自峨嵋得，不减红囊顾渚春。"峨眉山山腰的万年寺、清音阁、白龙洞、黑水寺一带是盛产竹叶青的好地方。这里群山环抱，终年云雾缭绕，翠竹茂密，十分适宜茶树生长。

竹叶青一般在清明前 3 ~ 5 天内开采，采摘标准为一芽一叶或一芽二叶初展，所采鲜叶十分细嫩，大小一致。采下的鲜叶在适当摊放后，经高温杀青、三炒三凉，采用抖、撒、抓、压、带条等手法，做形、干燥。

◎品质

[外形] 外形扁平，两头尖细，形似竹叶
[色泽] 嫩绿油润
[叶底] 黄绿明亮
[汤色] 嫩绿透亮
[香气] 浓郁持久，有嫩栗香
[滋味] 口感顺滑，清醇爽口

>>外形

>>汤色

>>叶底

| 太平猴魁 |

◎佳茗简介

太平猴魁属于绿茶类中的尖茶，是中国名茶之一，创制于 1900 年，曾出现在非官方评选的"中国十大名茶"名单中。

太平猴魁产于安徽省黄山市北麓黄山区（原太平县）的新明、龙门、三口一带。产地低温多雨，土质肥沃，云雾笼罩，孕育了太平猴魁别具一格的品质：茶芽挺直，肥壮细嫩，外形魁伟，色泽苍绿，全身毫白，具有清汤质绿、水色明、香气浓、滋味醇、回味甜的特征，是尖茶中最好的一种。太平猴魁曾在 1915 年的巴拿马万国博览会上获得金质奖章。

>>外形

太平猴魁的色、香、味、形独具一格，有"刀枪云集，龙飞凤舞"的特色。每朵茶都是两叶抱一芽，扁平挺直，不散、不翘、不曲，俗称"两刀一枪"，素有"猴魁两头尖，不散不翘不卷边"的美誉。茶叶全身披白毫，含而不露；入杯冲泡，芽叶成朵，或悬或沉，在明澈嫩绿的茶汁之中，似乎有好些小猴子在对你"搔首弄姿"。品其味，则幽香扑鼻，醇厚爽口，回味无穷，饮茶者可体会出"头泡香高，二泡味浓，三泡四泡幽香犹存"的意境，感受独特的"猴韵"。

◎品质

| 外形 | 扁平挺直，魁伟壮实，两叶抱一芽，白毫隐伏
| 色泽 | 苍绿匀润
| 叶底 | 嫩绿匀亮，芽叶肥壮成朵
| 汤色 | 清绿明澈
| 香气 | 兰香高爽
| 滋味 | 醇厚回甘

>>汤色

>>叶底

都匀毛尖

　　都匀毛尖又名"细毛尖""鱼钩茶"，产于贵州省黔南布依族苗族自治州境内，核心产区位于有"全球绿色城市""中国毛尖茶都"之称的都匀市。该地区茶叶种植历史悠久，茶文化积淀深厚，从唐贞观九年（公元793年）起至清代，黔南大地一直是朝廷贡茶出产地之一，至今州内各族群众乃保留着种茶、采茶、制茶的传统技法。在每年春茶的采摘时节，该地都有拜山神、祭茶神的习俗，茶文化积淀深厚。

　　都匀毛尖曾于1915年在巴拿马万国博览会上获优质奖。1982年，都匀毛尖被评为"中国十大名茶"。2010年，都匀毛尖入选中国上海世博会十大名茶，还成为联合国馆的指定用茶。2014年，习近平总书记作出"把都匀毛尖品牌打出去"的重要指示。

◎产地分布与自然环境

黔南州地处云贵高原东南部，山川秀美，气候优越，生态良好，水土肥沃，平均海拔997米，年平均气温约16.2℃，年降雨量约1400毫米，核心产区森林覆盖率达95%。该地区"低纬度、高海拔、寡日照、多云雾、无污染"的地理环境特别适宜优质茶叶生产。截至2018年11月，黔南州茶园面积为932平方千米，其中投产茶园达673平方千米。俗话说"高山云雾出好茶"，该地区生产的茶叶氨基酸、茶多酚等水浸出物的平均含量均高于国家绿茶标准。

◎选购

都匀毛尖有五个等级：尊品、珍品、特级、一级、二级，对应的品质特征如下：

尊品：外形紧细卷曲、满披白毫、匀整、嫩绿、净；有嫩香、栗香；滋味鲜醇；汤色嫩黄绿明亮；叶底嫩绿、鲜活匀整，水浸出物含量为43.2%，高于国家绿茶标准9.2个百分点。

珍品：外形紧细较卷、白毫显露、匀整、绿润、净；有嫩香、栗香、清香；滋味鲜爽回甘；汤色嫩（浅）黄绿、明亮；叶底嫩匀、鲜活，水浸出物含量为40%，高于国家绿茶标准6个百分点。

特级：外形较紧细、弯曲露毫、匀整、绿润、净；有清香、栗香；滋味醇厚；汤色黄绿、较亮；叶底黄绿、较亮，水浸出物含量为40%，高于国家绿茶标准6个百分点。

一级：外形紧结、较弯曲、匀整、深绿、尚净；香气纯正；滋味醇和；汤色黄绿、尚亮；叶底黄绿、较亮，水浸出物含量为38%，高于国家绿茶标准4个百分点。

二级：外形较紧、尚弯曲、尚匀整、墨绿、尚净；香气纯正；滋味醇和；汤色较黄绿、尚亮；叶底黄绿、尚亮，水浸出物含量为38%，高于国家绿茶标准4个百分点。

◎品质

都匀毛尖素以"三绿三黄"的品质特征著称于世，即干茶色泽绿中带黄，汤色绿中透黄，叶底绿中显黄。茶界前辈庄晚芳先生曾写诗赞曰："雪芽芳香都匀生，不亚龙井碧螺春。饮罢浮花清爽味，心旷神怡攻关灵！"

概括来说，都匀毛尖具有如下特色：

[外形]条索卷曲，外形匀整，白毫显露

[色泽]翠绿

[叶底]明亮，芽头肥壮

[汤色]清澈，绿中透黄

[香气]清高

[滋味]鲜浓，回味甘甜

◎储存

都匀毛尖属于绿茶，储存时需密封、冷藏，并注意防潮、防异味，保质期为 24 个月。

◎冲泡须知

都匀毛尖的冲泡用水推荐使用硬度较低的山泉水，器具推荐使用可使茶与水分离的玻璃、陶瓷杯等器皿。

冲泡口诀为：高水温，多投茶，快出汤，茶水分离，不洗茶。

准备 4 ～ 6 克茶，将茶叶投入杯中，倒入 150 毫升 90℃左右的水，自注水开始计时 20 ～ 40 秒出汤。冲泡时间短则滋味更清甜，冲泡时间长则滋味更醇厚。贵州茶区污染少，环境好，加上氨基酸、茶多酚等对人体健康有益的物质极易溶于水，倒掉实在可惜，因此冲泡都匀毛尖时不用洗茶，第一泡即可直接饮用。都匀毛尖茶毫较多，因此注水时建议避免直接击打茶叶。

| 顾渚紫笋 |

顾渚紫笋因其鲜茶芽叶微紫、嫩叶背卷似笋壳而得名。该茶产于浙江省湖州市长兴县水口乡顾渚山一带，是上品贡茶中的"老前辈"，早在唐代便被茶圣陆羽论为"茶中第一"。顾渚紫笋茶自唐朝广德年间开始以龙团茶进贡，至明朝洪武八年"罢贡"，并改制成条形散茶，前后历经600余年。明末清初，紫笋茶逐渐消失，直至20世纪70年代末才重新开始生产。

顾渚紫笋在每年清明至谷雨期间采摘，标准为一芽一叶或一芽二叶初展，外形或芽叶相抱，或芽挺叶稍展，形如兰花。冲泡后，茶汤清澈明亮，色泽翠绿带紫，味道甘鲜清爽，隐隐有兰花香气。

顾渚紫笋宜选用透明玻璃杯来冲泡。先用沸水温杯，这样有利于更好地泡出茶香，然后将温杯的水倒掉，再倒入90℃左右的热水，水量约为玻璃杯容量的1/4，接着放入适量茶叶，待干茶充分吸收水分后，可端杯闻其香，再加满水，然后小口品饮。待杯中剩1/3的水时再续水，这就是第二泡茶了，此时的茶最为鲜醇味美，是茶中的精华。品完后，可再续水。一般这种鲜嫩绿茶冲三遍过后就滋味寡淡了。

| 狗牯脑茶 |

狗牯脑产于江西省遂川县汤湖镇狗牯脑山。狗牯脑山矗立于罗霄山脉南麓支系的群山之中，坐南朝北，山南为五指峰，山北为老虎岩，东北5000米处有著名的汤湖温泉。山中林木苍翠，溪流潺潺，常年云雾缭绕，四季清泉不绝，冬无严寒，夏无酷暑，土壤肥沃，是得天独厚的名茶产地。

狗牯脑茶外形紧结秀丽，芽端微勾，色泽碧中微露黛绿，叶底嫩绿均匀，汤色清澄略呈金黄，香气高雅略有花香，口感爽滑。

冲泡此茶推荐使用玻璃杯。如果用盖碗泡，则泡后不要长时间加盖，否则会导致茶汤变红。茶叶和水的比例以1∶50为宜，即每杯放3克左右的干茶，可以加入150毫升左右的水。特供特级和贡品特级狗牯脑宜用80℃的温开水冲泡，其他等级的狗牯脑宜用90℃的水冲泡。

| 径山茶 |

径山茶又名径山毛峰茶，简称径山茶。它产于浙江省杭州市余杭区西北境内的天目山东北峰的径山，因产地而得名，属绿茶类名茶。这里属亚热带季风气候区，温和湿润，雨量充沛，年均气温在16℃左右，年降水量约1800毫米，年日照时数约1970小时，无霜期约244天。岭峰高处多雾，峰谷山坡多为黄壤，土质肥沃，结构疏松，对茶树生长十分有利。

径山茶外形紧细、毫毛显露，色泽翠绿，叶底嫩匀成朵，汤色嫩绿莹亮，香气清馥持久，滋味鲜嫩、甘醇爽口。

冲泡径山茶时，以上投法最为适宜。先放水后放茶，茶叶会很快沉入杯底。

| 恩施玉露 |

恩施玉露产于湖北省恩施市东郊五峰山。恩施玉露的杀青沿用唐代所用的蒸汽杀青方法，是我国目前保留下来的为数不多的传统蒸青绿茶，其制作工艺及所用工具相当古老。

恩施玉露条索紧圆、光滑纤细、挺直如针，色泽苍翠绿润，被日本商人誉为"松针"。经沸水冲泡，芽叶复展如生，初时婷婷悬浮在杯中，继而沉降杯底，平伏完整。汤色嫩绿明亮如玉露，香气清爽，滋味醇和。观其外形，赏心悦目；饮其茶汤，沁人心脾。

冲泡此茶时可选用玻璃杯，温杯后投茶即可闻到干茶清香，先加一点儿水浸润茶叶，然后洗去浮叶，这时候茶香就散发出来了，再加水冲泡1～2分钟即可饮用。恩施玉露茶汤口感醇鲜，清淡爽口。

保存时，宜将茶密封后放入冰箱冷冻层，以保持茶叶的香气和口感。

| 老竹大方 |

老竹大方产于安徽省歙县东北部皖浙交界的昱岭关附近，集中产区有老竹铺、三阳、金川，品质以老竹岭和福全山所产的"顶谷大方"为最优，与歙县毗邻的浙江临安也有少量产出。

老竹大方产区境内多高山，属天目山脉，北面的清凉峰海拔约1787米。该地重峦叠嶂，青峰插云，岗崖纵横，溪涧网布，海拔在1300米以上的有老竹岭头、石坑崖上、翠屏山、黄平圩、老人岩、仙人峰、鸭子塘等。茶树多生于高崖石隙里和山间幽谷中。该地年平均温度在16℃左右，年平均降水量约1800毫米，气候温和，雨量充沛，土壤肥沃，生态条件十分优越。

老竹大方茶产区范围不大，但产量颇大。其中"顶谷大方"为近年来恢复生产的极品名茶，其品质特点是：外形扁平匀齐，色泽稍暗，满披金毫；汤色清澈微黄；香气高长，有板栗香；滋味醇厚爽口；叶底嫩匀，芽叶肥壮。普通大方色泽深绿，褐润似铸铁，形如竹叶，故称"铁色大方"，又叫"竹叶大方"。

此茶适宜使用玻璃杯，以中投法冲泡。

| 汀溪兰香 |

汀溪兰香产于安徽省泾县大坑村，形如绣剪，色泽翠绿，香似幽兰，回味甘爽，是绿茶中的精品。

汀溪兰香是在原有的汀溪提魁的基础上，采用传统手工工艺精制而成的系列茶，其色、形、味别有特色，并具有特殊的兰花香。这与汀溪大坑的自然环境有着密切关系。当地山高林密，幽谷纵横，土壤肥沃，气候温和，"晴时早晚遍地雾，阴雨成天满山云"。

汀溪兰香的特征是色泽翠绿、匀润显毫，嫩香持久、高爽馥郁，滋味鲜醇、甘爽耐泡，汤色嫩绿、清澈明亮，叶底嫩黄、匀整肥壮，品质十分优异。入杯冲泡，雾气结顶，兰花清香四溢，芽叶徐徐展开，茶汤清澈明净，品之鲜醇爽口。它具有明目、清心、减肥、提神等功效。

汀溪兰香属天然无公害绿色食品，曾连续荣获中国国际茶叶博览会金奖。

红茶

红茶属于全发酵茶类，是以茶树的芽叶为原料，经过萎凋、揉捻（切）、发酵、干燥等典型工艺加工制作而成的。因其干茶色泽和冲泡的茶汤以红色为主色调，故名红茶。

世界上红茶的品种有很多，产地也很广，除我国以外，印度、斯里兰卡也产红碎茶。红茶为我国第二大茶类，品种以祁门红茶最为著名。世界上著名的四大红茶是：祁门红茶，阿萨姆红茶，大吉岭红茶，锡兰高地红茶。

在加工过程中，红茶鲜叶中的化学成分变化较大，茶多酚减少了90%以上，产生了茶黄素、茶红素等新成分，香气物质也明显增加，所以红茶具有红茶、红汤、红叶和香甜味醇的特征。

红茶的种类较多，产地分布较广，按照其加工的方法与出品的茶形，一般可分为小种红茶、工夫红茶和红碎茶三大类。工夫红茶是中国特有的红茶，比如祁门工夫、滇红工夫等。这里的"工夫"两字有双重含义，一是指加工的时候较别的红茶下的功夫更多，二是冲泡和品饮需要充裕的时间。

红茶的饮用方法有很多种，例如：根据花色品种的不同，有工夫饮法和快速饮法之分；根据调味方式的不同，有清饮法和调饮法之分；根据茶汤浸出方式的不同，有冲泡饮法和煮饮法之分。在西方茶文化中，人们通常在红茶内加入砂糖或奶一起饮用，但中国人一般不这样做。

| 祁门红茶 |

◎佳茗简介

祁门红茶属红茶中的精品，简称祁红，产于安徽省祁门一带。祁门红茶久负盛名，是英国女王和王室的挚爱。

祁门红茶创制于清朝光绪年间，距今有100多年的历史。清末时，茶叶开始出口，当时英、法、俄等国需求量最大的就是红茶。19世纪70年代，祁门人胡元龙请师傅借鉴外省制作红茶的方法，将祁门的茶叶加工成红茶，经过多年努力，终有所成，从此打开市场，产品远销海外，后传入英国王室，赢得了女王的钟爱，祁门红茶在欧洲开始成为上流社会的饮品，饮红茶也被视为身份高贵的象征。

到了近现代，茶叶的种植生产技术得到提升，世界经济也逐渐一体化，中国的名茶更是成了世界的名茶，受到世界各国人士的喜爱。祁门红茶与印度的大吉岭红茶、斯里兰卡的乌伐红茶齐名，被誉为世界三大高香名茶。

1915年，在巴拿马万国博览会上，祁门红茶获得了金质奖章。

1980年，祁门红茶获国家优质产品奖章。

1983年，祁门红茶获国家出口商品优质荣誉证书。

1980年、1985年、1990年、1995年，祁门红茶连续四次荣获国家金质奖。

1987年，祁门红茶获第26届布鲁塞尔世界优质食品评选会金奖。

>>祁门红茶

>>大吉岭红茶

>>乌伐红茶

>>祁门一景

◎产地分布与自然环境

祁门红茶产区分为三个区域。由溶口直上到侯潭转往祁西历口，在此区域内，以贵溪、黄家岭、石迹源等处所产茶叶为最优，茶叶叶底厚薄适中，味醇香幽，发酵时间以一个半小时为准；由闪里、箬坑到渚口，在此区域内，以箬坑、闪里、高塘等处所产茶叶为佳，茶叶叶底薄，味浓色佳，发酵只需一小时；由塔坊直至祁红转出倒湖，在这一区域内以塘坑头、棕里、芦溪、倒湖等处所产茶叶为代表，茶叶叶底厚，味浓，色暗，枝粗大，发酵需两小时以上，这类茶叶一般以制绿茶为佳。贵溪至历口这一区域产的红茶，因质量最优，成为祁门红茶之冠。

历口有"祁门红茶创始地"之称，所产祁红品质向来优异，据说1915年在巴拿马万国博览会上获金奖的祁红，就是由历口茶号选送的。

地理特点	祁门一带地势北高南低，丘陵与河谷盆地相间分布。	气候特点	该地气候属亚热带季风气候，气候温和，四季分明，雨量充沛。
热量	该地年平均气温约15℃。	水量	该地年降水量约1700毫米。

光照	该地年日照时数约1063小时。	土壤	该地土壤以沙砾红壤、黄壤、黄棕壤、石灰岩土为主，土壤质地疏松，有机物质丰富。	植被	该地植被主要有常绿阔叶林、针叶林、竹林。

◎选购

祁门红茶享誉中外，品牌众多，而最有名、品质最好的为历口、德昌顺、儒信园、润思等几大品牌。

|历口| 因产于祁门的历口而得名，独特的地理和气候环境使得这里生产的茶叶的品质成为祁门红茶之冠。

|德昌顺| 为六安同盛祥茶业股份有限公司旗下商标，六安同盛祥茶业股份有限公司起源于百年老字号同盛。

|儒信园| 中华老字号品牌，有"百年徽商"的美誉。

|润思| 创立于1951年，经过数十年的发展，润思牌红茶的品质得到社会公认，成为祁门红茶中的名品。

祁门红茶分为礼茶、特茗、特级、一级到七级十个级别。下面主要从外形、汤色、香气与滋味、叶底等方面进行区分。

等级	外形	汤色	香气与滋味	叶底
礼茶	细嫩整齐，多嫩毫和毫尖，色泽乌润	红艳明亮	香气高醇，有鲜甜的嫩香味，形成祁门红茶独有的风格	大部分是嫩芽叶，色泽鲜艳，整齐美观
特茗	条索细整，嫩毫显露，长短整齐，色泽乌润	红艳明亮	香气高醇，有鲜甜的嫩香味，有祁门红茶独特的风格	嫩芽叶比礼茶少，色泽鲜艳
特级	条索紧细，嫩毫显露，色泽润，匀整	红艳明亮	香气高醇，鲜嫩，有祁门红茶独特的风格	嫩度明显，整齐，色泽鲜艳
一级	条索紧细，嫩度明显，长短均匀，色泽乌润	红艳明亮	香味高浓，有祁门红茶特有的果糖香	嫩叶匀整，色泽红艳
二级	条索细正，嫩度较一级差，色泽乌润	红艳程度不及一级	香味醇厚，有祁门红茶的果糖香	芽条匀整，发酵适度
三级	条索紧实，较二级略粗，整度均匀，稍有松条	红明	香味醇正、鲜厚，有收敛性，祁门红茶特征依然显著	条整，发酵适度
四级	条索粗实，叶质稍轻，匀净度较差，色泽带灰	红明较淡	香味醇正，且有浓度，仍有祁门红茶的风味	整度较差，色红而欠匀，夹有花青
五级	条索较粗，稍有筋片，匀净度较差，色泽带灰	红淡	香味醇甜偏淡，但无粗老味	花青，稍含梗
六级	条索较松，色泽花杂	红淡，明亮度不够	香味粗淡，浓度欠缺	红杂，含梗
七级	条索松泡，身骨轻，带片木梗，色泽枯杂	淡而不明	香味低淡，滋味中带有粗老味	粗暗梗显

真正的祁门红茶只生产于安徽省祁门县，其他产地所产的都不是祁门红茶。纯正的祁门红茶干茶呈棕红色，外形整齐，色泽稍暗，茶汤红艳明亮，味道浓厚，香气持久；冒牌的一般带有人工色素，条索粗松，参差不齐，颜色鲜红，汤色浑浊，味道苦涩淡薄。

◎品质

祁门红茶以"香高、味醇、形美、色艳"四绝驰名于世，位居世界三大高香名茶之首，素有"群芳最""红茶皇后"之雅称。祁门红茶条索紧细匀整，锋苗秀丽，色泽乌润，香气既似蜜糖香，又似果香，上品更是蕴含兰花香，这种香气也被称为"祁门香"。冲泡后芳香馥郁持久，汤色红艳明亮，滋味甘鲜醇厚，叶底红艳明亮。既适合单独冲泡，也适合加入牛奶做成奶茶饮用。

概括起来，祁门红茶主要具有以下几个特点：

[外形] 条索紧细秀长，匀称整齐
[色泽] 色泽乌润，富有光泽
[汤色] 红艳明亮
[香气] 香气似果、似蜜糖、似花，清鲜持久
[滋味] 甘香醇厚
[叶底] 红亮嫩软

>>外形

>>汤色

>>叶底

◎储存

储存祁门红茶时可以使用保鲜袋，也可使用茶叶罐。

1.保鲜袋储存法

在选择保鲜袋的时候一定要注意：第一，必须用适合食品用的保鲜袋；第二，材质要选用密度高的；第三，袋子以厚实一些的为好；第四，材料本身不应有孔洞和异味。保存时，将祁门红茶放入保鲜袋中密封起来，放置于阴凉干燥处即可。也可以将包好的茶叶放进冰箱冷藏储存。

2.茶叶罐储存法

茶叶罐储存法比较简便，而且防潮性比较好，但是要保证茶叶罐内部干燥、干净、无异味。将茶叶放入其中后，置于阴凉干燥处即可。

◎冲泡须知

冲泡祁门红茶时，最好选用软水，泉水最佳，纯净水次之，不宜选用矿泉水。祁门红茶属发酵茶，最好用紫砂茶具或白瓷茶具来冲泡。冲泡时，按照茶叶和水1∶50的比例，用90～95℃的水冲泡，泡上2～3分钟后出汤即可品饮。

◎冲泡步骤

1. 简单泡法

将水烧沸，在茶杯内倒入适量茶叶，冲入凉至90～95℃的水，隔45秒左右将茶汤倒入小杯，先闻香，再品味。

2. 工夫泡茶法

首先将茶叶放入茶壶，加水冲泡，然后按循环倒茶法将茶汤注入各个茶杯，并使茶汤浓度一致。品饮时要细品慢饮，好的工夫红茶一般可以冲泡2～3次。

①备具。将壶、公道杯、品茗杯、茶罐等放在茶盘上。（图1）

②赏茶。欣赏茶叶的色泽和外形。（图2）

③烫杯热壶。将开水倒入茶壶，然后将水倒入公道杯，接着倒入品茗杯。（图3）

④倒掉废水。将品茗杯内的水倒掉。（图4）

⑤投茶。按1∶50的比例把茶叶放入壶中。（图5）

⑥第一泡。将90～95℃的水加入壶中，泡1分钟，然后将茶水倒入公道杯，再从公道杯斟入品茗杯，只斟七分满。（图6）

⑦细闻幽香。将品茗杯放在鼻子下方，细闻幽香后将茶汤倒掉。第二泡、第三泡冲泡时的操作同上，浸泡时间逐次延长，闻香后即可品饮。（图7）

◎品饮

祁门红茶有兰香或水果香，滋味醇厚，回甘持久，饮上一杯可以去疲解乏，令人神清气爽。而且祁门红茶对胃的刺激性小，可以说是"味美胃也美"。但是要记住，红茶不适合制成冷饮，否则会刺激肠胃。

正山小种 |

◎佳茗简介

正山小种又称拉普山小种，属红茶类，是中国生产的一种红茶，亦是最古老的一种红茶。该茶首创于福建省崇安县桐木关地区，现产地为福建省武夷山市。

"正山"指的是正确、正宗，"小种"是指其茶树品种为小叶种，且有产量受地域的小气候所限之意，故正山小种又称桐木关小种。

正山小种是用松针或松柴熏制而成的，有着非常浓烈的香味。因为经过熏制，所以茶叶呈黑色，且茶汤为深红色。该茶非常适合在品尝咖喱和肉类荤肴时饮用。

正山小种的产地以桐木关为中心，崇安、建阳、光泽三地交界处的高地茶园均有生产。产区四周群山环抱，山高谷深，气候寒冷，年降水量在2300毫米以上，相对湿度在80%～85%之间，雾日在100天以上，日照较短，霜期较长，土壤水分充足，肥沃疏松，有机物质含量高。茶树生长茂盛，茶芽纤维少，嫩性高。每逢春季，此地常遇绵绵细雨，日照极少，故采摘的茶鲜叶大部分都需依靠加温萎凋，也就是借助燃料进行烘焙。当地松树众多，用于烧火的燃料都是松柴，松柴燃烧后会产生很大的松烟味，因此鲜叶在萎凋时会吸收很多松烟味。在烘干过程中，将发酵茶叶摊在竹筛上，放在吊架上烘干或用松柴烘烤，茶叶进一步地吸收了松烟味。

正山小种保存起来很容易，只要在常温下密封保存即可。因其是全发酵茶，一般存放一两年后松烟味会进一步转换为干果香，滋味会变得更加醇厚甘甜。对于正山小种来说，茶叶越陈越好，陈年（存放三年以上）的正山小种味道特别醇厚。

一位日本茶人曾这样评价正山小种："这是一种让人爱憎分明的茶，只要喜欢上它，便永远不会放弃它。"品饮红茶就如同品悟爱情，需要多一点深情，多一点温柔，就像是与茶对话一样。

◎品质

[外形] 条索紧结匀齐

[色泽] 黄黑相间，金毫分明

[叶底] 红亮

[汤色] 艳红

[香气] 芬芳浓烈

[滋味] 滋味醇厚，似桂圆汤味

>>外形　　　　　　　　　　　　>>叶底　　　　　　　　　　　　>>汤色

◎冲泡步骤

1.清饮法

在正山小种中不加任何其他辅料，保持正山小种的真香和本味的饮法称为清饮法。清饮法按茶汤的加工方法可分为冲泡法和煮饮法两种，其中以冲泡法为好，既方便又卫生。冲泡时可用杯，亦可用壶，投茶量因人而异。清饮时，静心感受红茶的真香和本味，最容易体会到黄庭坚品茶时所感受到的"恰如灯下，故人万里，归来对影。口不能言，心下快活自省"的绝妙境界。

冲泡时，根据茶壶的容量投入适量正山小种，注入90℃左右的水，如果头几次冲泡的时候使用刚烧开的沸水，可能会导致茶汤出现酸味。浸泡时间根据个人口感和喜好决定，一般第一泡为10秒，第二泡为20秒，第三泡为30秒，后几泡时间可适当延长。冲泡正山小种时，不宜让茶叶浸泡过久，合适的浸泡时间不仅能使茶汤滋味宜人，还可增加冲泡次数。三泡后，每次冲泡的茶汤汤色应尽量与第三泡的保持一致。

1.备具。准备好茶具以及茶叶。　　2.赏茶。观赏茶荷中的茶叶。　　3.洁具。将煮水器里面的沸水倒入紫砂壶。

4.盖好壶盖，再将沸水淋于壶上。

5.将紫砂壶内的沸水倒入公道杯。

6.再将公道杯内的水倒入品茗杯。

7.将品茗杯中的水倒掉，烫洗茶具的步骤就结束了。

8.将茶荷中的茶叶拨入紫砂壶。

9.再将凉至90℃的煮开的水倒入紫砂壶，高冲缓收。

10.用适量沸水冲洗壶盖。

11.盖上壶盖，将适量沸水淋于壶上。

12.将紫砂壶内的茶汤倒入公道杯。

13.将公道杯内的茶汤倒掉，第一泡的茶汤一般不喝，可用来烫杯。

14.再次将水倒入紫砂壶。

15.稍等片刻后，将茶汤倒入公道杯。

16.将公道杯里的茶汤倒入品茗杯。

17.端起品茗杯品饮。

2. 调饮法

在红茶中加入辅料以佐汤味的饮法称为调饮法。调饮红茶可用的辅料种类极为丰富，如牛奶、糖、柠檬汁、蜂蜜甚至香槟酒等，都可用来调配。用红茶调出的饮品风味各异，深受各层次消费者的青睐。

采用调饮法时，准备瓷壶1把（咖啡器具也可），高壁玻璃杯1个，过滤网1个，正山小种及其他辅料，即可开始冲泡。先按照清饮法的操作步骤泡茶，然后在高壁玻璃杯中投入方块状冰块，接着根据口感投入适量的糖浆，不加糖浆也可以。待茶冲泡好后，将过滤网置于玻璃杯上方，然后快速地将茶水注入杯中。注入茶水时一定要让水急冲入杯中，否则杯口会出现白色泡沫，影响美观。最后，可将两片柠檬放在杯口作为装饰。

滇红工夫

◎佳茗简介

滇红工夫茶产于云南省南部与西南部的临沧、保山、凤庆、西双版纳、德宏等地。当地群峰起伏，平均海拔在1000米以上，年均气温为18～22℃，年积温在6000℃以上，昼夜温差悬殊，年降水量为1200～1700毫米。当地森林茂密，落叶枯草形成了深厚的腐殖层，土壤肥沃，因此当地的茶树十分高大，芽壮叶肥，茸毫显露，即使长至5～6片叶，仍质软鲜嫩。茶叶中多酚类化合物、生物碱等成分的含量居中国茶叶之首。

滇红工夫茶以外形肥硕紧实、金毫显露和香高味浓的品质独树一帜。具体而言，滇红工夫茶条索紧结，肥硕雄壮，干茶色泽乌润，金毫特显，内质汤色艳亮，香气鲜郁高长，滋味浓厚鲜爽，叶底红匀嫩亮。

滇红的品饮多以加糖加奶调和饮用为主，加奶后香气依然浓烈。冲泡后的滇红茶汤红艳明亮，高档滇红的茶汤与茶杯接触处常显金圈，冷却后立即出现乳凝状的冷后浑现象，冷后浑出现得越早，说明茶叶质量越优。

>>外形

◎品质

| 外形 | 紧结肥硕
| 色泽 | 乌润，金毫特显
| 叶底 | 红润匀亮
| 汤色 | 红艳明亮
| 香气 | 鲜浓
| 滋味 | 醇厚

>>汤色

>>叶底

>>外形

>>汤色

| 政和工夫 |

◎佳茗简介

福建政和工夫红茶产于福建东北部，产地以政和县为主，境内山岭起伏，河流交错，森林密布，土壤肥沃，海拔在 200 ～ 1000 米之间，气候温和，雨量充沛，年平均气温约为 19℃，年无霜期在 260 天左右，年降雨量在 1600 毫升以上。政和工夫红茶为福建三大工夫茶之首，产地茶园多开辟在缓坡处的森林空地，土层深厚，酸度适宜，唯从生长在这种环境中的茶树上采摘的茶叶才适宜制作政和工夫红茶。松溪以及浙江的庆元地区所出的红毛茶在政和加工，亦属福建政和工夫红茶。

政和工夫茶条索肥壮重实、匀齐，色泽乌黑油润，毫芽显露金黄色，颇为美观；香气浓郁芬芳，隐约之间颇似紫罗兰的香气；汤色红艳，滋味醇厚。

政和工夫茶以政和大白茶品种为主体，扬其毫多味浓之优点，又适当加以高香之小叶茶，因此高级政和工夫茶外形匀称，香味浓郁。政和工夫茶犹如风姿绰约的少妇，充溢着热情和美艳，琥珀般醇厚的颜色，淡淡的苦涩，彰显了优雅、小资和高贵。

政和工夫茶既宜于清饮，又适合添加砂糖、牛奶等辅料后饮用。政和工夫茶以独特的口感和香气取胜，贮存时，需严防发生变味、变质、发霉等情况。

◎品质

外形	重实，匀齐
色泽	乌黑镶金黄
叶底	肥壮尚红
汤色	红艳明亮
香气	浓郁芬芳
滋味	醇和而甘浓

>>叶底

| 金骏眉 |

◎佳茗简介

金骏眉是正山小种的一个分支，目前是中国顶级红茶的代表。金骏眉之所以名贵，是因为它全程都由制茶师傅手工制作，每500克金骏眉需要数万颗的新鲜茶芽，经过复杂的萎凋、摇青、发酵、揉捻等步骤才得以制成。金骏眉名字的由来如下：

1. 金。金代表等级。金者，贵重之物也。金骏眉的"金"，并不是说干茶是金黄色的，市面上流传的金骏眉应该是金黄色、金黄色茸毛多的说法乃是误传，正宗的金骏眉应该是三分金色七分黑色，色亮而润。

2. 骏。骏通"峻"，指原料采自生长在桐木关自然保护区崇山峻岭之中的野生茶树。

3. 眉。眉形容外形。眉有长寿、长久之意，很多传统名茶的名称中皆有"眉"字，如寿眉、珍眉等。

金骏眉外形紧秀，颜色为金、黄、黑相间，细看可见茶的茸毛、嫩芽为金黄色，条索紧细纤长，圆而挺直，有锋苗，身骨重，匀整。汤色为金黄色，啜一口入喉，甘甜感顿生。其香味似果、蜜、花等，滋味鲜活甘爽，喉韵悠长，沁人心脾，使人仿佛置身于原始森林之中。连泡多次，口感仍然饱满甘甜，叶底舒展后，芽尖鲜活，秀挺亮丽。总之，金骏眉实属可遇不可求之茶中珍品。

>>外形

>> 汤色

◎品质

[外形] 紧结秀长

[色泽] 色亮而润

[叶底] 秀挺亮丽

[汤色] 金黄明亮

[香气] 有果、蜜、花香

[滋味] 鲜活甘爽

>>叶底

| 坦洋工夫 |

"中国茶叶之乡"福安是久负盛名的历史名茶——坦洋工夫的原产地，位于福建省东北部。坦洋工夫是福建省三大工夫红茶之一，相传于清咸丰、同治年间，由福安市坦洋村人试制成功，距今已有 100 多年的历史。坦洋工夫产区分布很广，以福安市坦洋村为中心，遍及福安、柘荣、寿宁、周宁、霞浦及屏南北部等地。

坦洋工夫外形圆直匀整，毫芽金黄，色泽乌黑有光，叶底红匀光亮，汤色鲜艳呈金色，香气清鲜高爽，滋味清甜爽口。

| 川红工夫 |

川红工夫产于四川宜宾等地，是 20 世纪 50 年代问世的工夫红茶。川红问世以来，在国际市场上享有较高的声誉，多年来畅销俄罗斯、法国、英国、德国及罗马尼亚等国家和地区，堪称中国工夫红茶的后起之秀。

四川省是我国的茶树发源地之一，茶叶生产历史悠久。四川地势北高南低，东部为盆地地形，秦岭、大巴山挡住北来寒流，东南向的海洋季风则可直达盆地各隅。此地年降雨量为 1000 ～ 1300 毫米，气候温和，年均气温为 17 ～ 18℃，极端最低气温不低于 −4℃。最冷的 1 月份，其平均气温较同纬度的长江中下游地区高 2 ～ 4℃。茶园土壤多为山地黄泥及紫色砂土。

川红工夫外形肥壮圆紧，色泽乌黑油润，叶底厚软红匀，汤色浓亮，香气清鲜带糖香，滋味醇厚鲜爽。

乌龙茶

乌龙茶亦称青茶、半发酵茶，是中国几大茶类中独具特色的茶叶品类。乌龙茶是经过杀青、萎凋、摇青、半发酵、烘焙等工序制出的品质优异的茶类。

乌龙茶由宋代贡茶龙团、凤饼演变而来，创制于1725年前后（清雍正年间）。乌龙茶为中国特有的茶类，主要产于福建、广东、台湾三个省。近年来四川、湖南等省也有少量产出。

乌龙茶综合了绿茶和红茶的制法，其品质介于绿茶和红茶之间，既有红茶的浓鲜味，又有绿茶的清香味，并有"绿叶红镶边"的美誉。

绿茶与乌龙茶最大的差别在于绿茶没有经过发酵这个过程。茶叶中的儿茶素会随着发酵温度的升高而相互结合，致使茶的颜色变深，同时茶的涩味也会减少。这种儿茶素相互结合所形成的成分就是多酚类物质，乌龙茶鲜叶中所含有的儿茶素大约有一半会转化为多酚类物质。因此，在儿茶素的抗氧化作用和多酚类物质的双重作用之下，乌龙茶就具有了一些绿茶所没有的功效。

经现代国内外科学研究证实，除了具有提神益智、消除疲劳、生津利尿、解热防暑、杀菌消炎、解毒防病、消食去腻、减肥健美等一般茶叶都具有的保健功能外，乌龙茶的特殊功效突出表现在防癌症、降血脂、抗衰老等方面。

品饮乌龙茶不仅对人体健康有益，还可为生活增添无穷乐趣，但品茶有三忌：

一忌空腹饮：空腹饮茶会让人感到饥肠辘辘，头晕欲吐，也就是"茶醉"。

二忌睡前饮：睡前饮茶易使人难以入睡。

三忌饮冷茶：茶水冷后性寒，对胃不利。

初饮乌龙茶的人要尤其重视这三忌，因为乌龙茶所含的茶多酚及咖啡因较其他茶多。

| 武夷岩茶 |

◎佳茗简介

武夷岩茶属于乌龙茶，因产于福建北部的武夷山区而得名。该地产茶历史悠久，早在商周的时候，武夷茶就被濮闽族的君长，在会盟伐纣时献给了周武王。到西汉时，武夷茶已经初具盛名。

唐代徐夤有诗云："武夷春暖月初圆，采摘新芽献地仙。飞鹊印成香蜡片，啼猿溪走木兰船。金槽和碾沉香末，冰碗轻涵翠缕烟。分赠恩深知最异，晚铛宜煮北山泉。"说的就是在唐朝的时候，武夷茶就被当作馈赠亲友的佳品。

到了宋代，制茶技术得到创新和发展，饮茶之风盛行。各地产茶的种类不下百种，就是贡茶也有好几十种。此时的武夷茶也是北苑贡茶的一部分，被运往建州进贡。范仲淹就写下过"溪边奇茗冠天下，武夷仙人从古栽""北苑将期献天子，林下雄豪先斗美"的诗句。林逋更是对武夷茶大加赞赏，写道："石碾轻飞瑟瑟尘，乳香烹出建溪春。世间绝品人难识，闲对茶经忆古人。"

元朝，统治者嗜茶成性，且颇有品茶工夫，武夷茶便成了首选。元大德六年，朝廷在武夷山的四曲溪畔创设了皇家焙茶局，称之为"御茶园"，从此，武夷茶被大量进贡。武夷茶的影响力在这一时期得到进一步的扩大。

明朝，朱元璋命令产茶地禁止制蒸青团茶，改制芽茶入贡。在这个时期，武夷茶名气不减反增。著名茶人许次纾的"于今贡茶……惟有武夷雨前最胜"足以说明，在明朝的时候，武夷茶在贡茶中十分受欢迎，在名流贵族中也很流行。

明末清初，茶叶的加工炒制方法不断改进创新，开始出现乌龙茶。清朝是武夷茶全面发展的时期。在这一时期，武夷山区不仅生产武夷岩茶、红茶、绿茶，还生产许多其他的名茶。

17世纪，茶叶的种植技术、加工工艺都得到了显著提升，武夷茶开始外销。1607年，荷兰东印度公司首次采购武夷岩茶，经爪哇转销欧洲各地。武夷岩茶逐渐被一些欧洲人称为"中国茶"，成为他们的日常必需品。当时在伦敦的市场上，武夷岩茶的价格比浙江的珠茶还要高，为中国茶之首。

从19世纪20年代开始，亚非美的一些国家开始试种武夷茶。20世纪80年代，武夷岩茶又受到日本人的追捧，被认为是健美茶，深受女性朋友的喜爱。

2002年，武夷岩茶被国家确认为原产地域保护产品，规范了一系列生产、制作标准。

2010年，武夷山市政府申报的"武夷山大红袍"被国家工商总局认定为中国驰名商标。

武夷山区产茶历史悠久，茶叶种类繁多，品质优良，可以说是当之无愧的"茶叶之乡"。

>>武夷岩茶茶园

◎产地分布与自然环境

武夷山四面皆溪壑，有三十六峰、七十二洞、九十九岩之胜。山中气候温暖，无严寒酷暑之别，常年雨量充沛，岩泉渗流，云雾弥漫，相对湿度较大；土壤疏松，酸度适宜，富含有机质和矿物质。

在岩茶的生长地区，几乎所有的茶树都生长在坡崖中石块垒起的梯台上或是狭长的峡谷间，这种环境中有阳光，但茶树又不会被阳光直接照射到。同时，茶树周边有许多桂花、杜鹃、四季兰和菖蒲等，这些植物散发的香气对岩茶的香型有一定影响。

地理特点	平均海拔600多米，属于中海拔地区。当地峰岩交错，翠岗起伏，峡谷纵横。九曲溪水碧绿清透，素有碧水丹山、奇峰怪石之称。		气候特点	属亚热带季风气候，气候温和，四季分明，云雾弥漫，无霜期长，雨量充沛。
热量	年平均气温16～18.5℃。		水量	年降雨量在2000毫米左右，年平均相对湿度在80%左右。
光照	年日照小时数约为1063小时。	土壤 土壤疏松，酸度适宜，富含有机质和矿物质。	植被	主要植被为常绿阔叶林，以樟科、木兰科和杜英科为主，还有大面积人工种植的杉木林、马尾松林和毛竹林。

◎选购

武夷岩茶品目繁多，仅山北慧苑岩便有名茶上百种，其中以大红袍、铁罗汉、水金龟、白鸡冠、四季春、万年青、肉桂、不知春、白牡丹等较为有名。目前，武夷岩茶国家标准（GB/T18745—2006）规定：只有生长在福建省武夷山市，用独特的传统工艺加工制作而成的乌龙茶才叫武夷岩茶。

	大红袍	武夷水仙	水金龟	武夷肉桂
干茶				
汤色				

武夷岩茶有"活、甘、清、香"的特点。优质武夷岩茶应具备如下特征：无明显苦涩味，茶汤有点稠，润滑，回甘显，回味足。在辨别武夷岩茶的优劣时，除了看它的干燥程度、外形是否长短适宜、是否有杂质外，还可以从以下几个方面入手。

| 茶香 | 冲泡后芳香持久者为上品，香气迅速变弱者为下品，夹杂异味者为劣品。茶叶的异味一般是十分容易辨别的。

| 茶汤 | 茶汤浓度变化小者为上品，浓度变化大者为下品。

| 口感 | 口感苦涩度弱者为上品，苦涩度强者为下品。

| 回甘 | 回甘清幽持久者为上品。

质量不佳的武夷岩茶有时会有一些异味，异味的种类和出现异味的原因如下：

| 烟味 | 出现烟味多是由焙茶环节中出现走烟现象导致的。

| 青味 | 茶叶中夹杂着青草味，多是发酵不到位导致的。

| 馊味 | 馊味是类似变质的味道。一般夏秋茶容易有这种味道，好的清明茶不会有。

| 焦味 | 杀青时，如果火候没有把握好，就会产生焦味。

| 返青味 | 茶叶保存不善、受潮，会导致茶叶有返青味。

◎品质

武夷岩茶条形壮结、匀整，色泽乌褐鲜润，或带墨绿，或带砂绿，或带青褐，或带宝色。冲泡后茶汤呈深橙黄色，清澈艳丽；叶底软亮，叶缘朱红，叶心淡绿带黄；岩韵醇厚，花香清雅。泡饮时常用小壶小杯，因其香味浓郁，冲泡五六次后余韵犹存。

武夷岩茶品目较多，不同的茶叶品种会有一些不同的特征，但是大致说来，真正的武夷岩茶都具有以下特点：

| 外形 | 质实量重，条索肥壮，紧结。但水仙品种属大叶种，条索略粗。

[色泽] 呈鲜明的绿褐色，俗称宝色。有的茶条索表面有蛙皮状的小白点，有小白点者为揉捻适宜、焙火适度的好茶。

[叶底] 优质茶叶用开水冲泡后，叶片易展开，且极柔软，叶缘可见银朱色，叶片中央呈淡绿色、略带黄色，叶脉呈淡黄色。

[汤色] 武夷岩茶汤色一般呈深橙黄色，清澈鲜丽，以泡至第三至四次而汤色仍不变淡者为贵。

[香气] 岩茶为半发酵茶，具有绿茶的清香与红茶的熟香，其香气清新幽远，香气越强，品质越佳。

[滋味] 入口有浓厚的芬芳韵味，入口过喉均感润滑，初有苦涩，过后则渐渐生津，甘爽可口。岩茶品质的好坏受气味的优劣、韵味的浓淡影响。

[冲次] 通常以冲泡至五泡以上茶味仍未变淡者为佳，最佳者"八泡有余香，九泡有余味"。

>>外形

>>汤色

>>叶底

◎储存

　　武夷岩茶比较耐储存，储存环境的温度一般在 20℃ 以下即可。在密封、干燥、避光的情况下，可以储存 18 个月以上。但是清香型的武夷岩茶较不耐储存，易出现返青味。传统浓香型岩茶更耐储存，而且储存的时间越久，茶汤滋味越醇厚。

　　保存时需要注意的是：武夷岩茶为条状，容易碎，不适合抽真空储存。一般来说，先用铝箔袋包装，然后将铝箔袋放入密封性能好的茶叶罐保存即可，但要注意，每次喝完后应扎紧袋口，不让茶叶袋漏气。武夷岩茶不适合放在冰箱里低温保存，如果要放在冰箱里保存，最好先将其密封起来再放入冰箱，否则反而容易受潮。

◎冲泡须知

　　1. 水温要求：冲泡武夷茶的水应为现开的水，不宜用水温低于 90℃ 或是反复烧开的水。武夷茶硬度较大，较干燥，用温度较高的水冲泡，才能更好地泡出茶的滋味。

　　2. 用具：冲泡武夷岩茶时宜用紫砂壶。

　　3. 投茶量：茶叶量一般为茶具容量的 1/2，也可以根据自己的喜好适当调整。

　　4. 浸泡时间：第一次以 10 ~ 20 秒为佳，后面的浸泡时间需根据个人口味进行调整，若想要茶浓点，适当延长浸泡时间即可。

◎冲泡步骤

1.将摆放好的茶具用沸水烫洗。先将煮水器里面的沸水倒入紫砂壶，然后将壶内的水倒入公道杯，再将公道杯内的水倒入品茗杯，最后将水倒掉，用茶巾将残余的水分吸干。（图1～7）

2.将茶叶拨入壶中，茶量视茶壶容量而定，一般1克茶用20～25毫升水冲泡。（图8）

.将沸水高冲入壶中，借助水的
冲击力使茶叶在壶中翻滚，达到
洗茶的目的。（图9）

4.先用壶盖轻轻刮去茶汤表面的
泡沫，再盖上壶盖，然后用沸水
冲去留在壶盖边缘的泡沫，最后
用沸水淋壶。（图10）

5.将茶汤倒入公道杯，然后倒入
品茗杯，最后倒掉，达到二次
洗杯的目的。再用沸水高冲，
以激出茶香。静置10秒钟后，
即可将茶汤倒入公道杯。（图
11）

.将公道杯内的茶汤倒入品茗杯，就可以奉茶敬客了。（图12～14）

◎品饮

武夷岩茶滋味醇厚，有独特的"岩韵"。其香气高远浓郁，或花香，或果香，或乳香，连茶具也往往弥漫着香气。因此品武夷岩茶时，可品干茶香、盖香、水香、杯底香、叶底香等。茶汤入口，芳香更是在唇齿之间萦绕不绝，令人回味无穷。

| 安溪铁观音 |

◎佳茗简介

安溪铁观音属于乌龙茶。铁观音起源于 1725 年至 1735 年。在安溪铁观音的生长区内至今仍有不少的野生古茶树，据专家考证，树龄最长的已有上千岁。

明朝，据《清水岩志》载："清水高峰，出云吐雾，寺僧植茶，饱山岚之气，沐日月之精，得烟霞之霭，食之能疗百病。老寮等处属人家，清香之味不及也。鬼空口有宋植二三株，其味尤香，其功益大，饮之不觉两腋风生，倘遇陆羽，将以补茶经焉。"

清朝，茶叶从种植到加工制作再到销售的各个环节都逐步完善，安溪茶业在此时迅速发展起来，相继出现了黄金桂、本山、佛手、毛蟹、梅占、大叶乌龙等一大批优良的茶叶品种。在这一时期，当地茶农借鉴了武夷茶的加工技术，创制了安溪乌龙茶。清朝著名僧人释超全的诗句"溪茶遂仿岩茶样，先炒后焙不争差"，说的就是安溪茶叶的加工制作技术。铁观音产出后，迅速地传到周边地区，影响力越来越大。到光绪年间，铁观音已经传到了广东一带，并且大受欢迎，名气日盛。

中华人民共和国成立之后，农林业受到重视，安溪的茶业也呈现出全新的发展面貌，安溪也因铁观音独特的品质奠定了"中国名茶之乡"的地位。茶业成为该地的主要经济来源，惠及千家万户的安溪人。

近年来，安溪铁观音借鉴了法国葡萄酒庄园的生产经营模式，建立了"生产有记录、信息可查询、流向可跟踪、责任可追究、产品可召回"的茶叶质量可追溯体系，茶叶的产量和质量得到了进一步的提升，成为值得广大消费者信赖的茶品。

>>茶园

◎产地分布与自然环境

铁观音产于福建安溪。铁观音树种天性较弱，抗逆性差，种植起来十分不易，一直便有铁观音"好喝不好栽"的说法。位于福建省中部偏南、晋江西溪上游的安溪，水源充足，峰峦俊秀，丘陵绵延，被誉为闽南金三角中的一块宝地。

安溪境内按照地形地貌差异被分为内安溪和外安溪。内安溪地势高峻，山峦陡峭，平均海拔在600～700米。外安溪地势平缓，多低山丘陵，平均海拔在300～400米。茶树主要分布在内安溪，内安溪铁观音的产量大约占总产量的80%。

地理特点	安溪的地理坐标为北纬24°50°～25°26′，东经117°36°～118°17′。地势自西北向东南倾斜。	气候特点	该地区的气候属亚热带海洋性季风气候，夏季漫长炎热，冬无严寒。
热量	年平均气温15～18℃，无霜期260～324天。	水量	年降雨量1700～1900毫米，相对湿度78%以上。
土壤	土质大部分为酸性红壤，pH值在4.5～5.6之间，土层深厚。	植被	西北中低山区属于亚热带常绿阔叶林植被带，东南丘陵低山区为亚热带雨林带。主要植被有杉木林、马尾松林及一些人工替代林。

◎选购

在安溪境内，生产铁观音的乡镇有十多个，茶叶的品牌也多以乡镇名命名，其中最著名的有感德铁观音、西坪铁观音、祥华铁观音。

[感德铁观音] 感德镇有"中国铁观音第一镇"的称号。感德铁观音的主要特点是：香气持久，浓郁芬芳；汤色清淡鲜亮；入口甘爽；因为海拔高，气候独特，虫害和化肥农药残留少，属绿色饮品。

[西坪铁观音] 西坪铁观音汤浓韵雅香，入口甘鲜醇厚。第一、二泡汤色较为清淡，三泡之后转为黄绿色，入口微带酸味，酸中有幽香，滋味妙不可言。

[祥华铁观音] 祥华铁观音味正、汤醇、回甘强。第一口，茶味醇正；第二口，汤水厚实，各带稠感；第三口，回甘强，人饮后唇齿弥香，回味无限。

安溪铁观音分成两大类，一类是浓香型铁观音，一类是清香型铁观音。浓香型又分为特级、一级、二级、三级、四级共五个级别，清香型又分为特级、一级、二级、三级共四个级别。

等级	外形	汤色	滋味	香气	叶底
浓香型特级铁观音	条索肥壮、圆结，色泽翠绿、乌润、砂绿明	金黄清澈	醇厚鲜爽有回甘、音韵明显	浓郁持久	肥厚、软亮匀整、红边明、有余香
浓香型一级铁观音	条索较肥壮、结实，色泽乌润、砂绿较明	深金黄、清澈	醇厚、尚鲜爽、音韵明	清高、持久	尚软亮、匀整、有红边、稍有余香
浓香型二级铁观音	条索稍肥壮、略结实，色泽乌绿、有砂绿	橙黄、深黄	醇和鲜爽、音韵稍明	尚清高	稍软亮、略匀整
浓香型三级铁观音	条索卷曲、尚结实，色泽乌绿、稍带褐红点	深橙黄、清黄	醇和、音韵轻微	清纯平正	稍匀整、带褐红色
浓香型四级铁观音	条索尚弯曲、略粗松，色泽暗绿、带褐红色	橙红、清红	稍有粗味	平淡、稍粗飘	欠匀整、有粗叶及褐红叶
清香型特级铁观音	条索肥壮、圆结、重实，色泽翠绿润、砂绿明显	金黄明亮	鲜醇高爽、音韵明显	高香、持久	肥厚、软亮、匀整、余香高长
清香型一级铁观音	条索壮实、紧结，色泽绿油润、砂绿明	金黄明亮	清醇甘鲜、音韵明显	清香、持久	软亮、尚匀整、有余香
清香型二级铁观音	条索卷曲、结实，色泽绿油润、有砂绿，稍有嫩梗	金黄	尚鲜醇爽口、音韵尚明	清香	尚软亮、尚匀整、稍有余香
清香型三级铁观音	条索卷曲、尚结实，色泽乌绿稍带黄，稍有细嫩梗	金黄	醇和回甘、音韵稍轻	清纯	尚软亮、尚匀整、稍有余香

就茶的品质来说，铁观音秋茶是一年之中最好的。选购铁观音秋茶时，可用以下方式加以鉴别：

看形　纯种铁观音最显著的特征就是嫩芽呈紫红色，叶底肥厚，基部稍钝，叶尖端稍凹，稍向左歪，略向下垂。

听声　可根据茶叶投掷于瓷杯中的声音辨别该茶是秋茶还是夏茶。一般来说，声音清脆的为秋茶，声音沉闷的为夏茶。

察色　铁观音秋茶干茶颜色鲜绿，有光泽。

观叶底　正宗的秋铁观音叶底软凹，而非正秋铁观音一般叶底硬挺粗糙。

闻香　铁观音秋茶冲泡之后有浓郁的水果香和花香，夏茶则带有腥味。

◎品质

生产安溪铁观音时，在采回的鲜叶新鲜完整之时便进行晾青、晒青和摇青。加工过程激活了茶叶内部酶的分解，使茶叶产生了一种特有的香气。总的来说，安溪铁观音制作流程讲究细致，制作出的茶品质尤佳。

安溪铁观音有以下特点：

| 外形 | 卷曲重实 | 色泽 | 砂绿 | 汤色 | 艳似琥珀

| 香气 | 天然馥郁的兰花香 | 滋味 | 醇厚甘鲜 | 叶底 | 柔软鲜亮

>>外形   >>汤色   >>叶底

◎储存

1. 影响铁观音保存的因素

储存铁观音时，需采用低温和密封真空的方式储存，这样在短时间内可以保持铁观音的色、香、味。但是在实际保存的过程中，经常出现茶叶保存时间不长，色香味就均不及刚制成的茶叶的情况，其影响因素如下：

① 茶叶发酵程度的控制。有经验的制茶人在制茶时，会充分考虑到市场流通和保存的问题，会通过控制发酵程度来保持茶叶的鲜香。通俗地讲，大家都知道波形图有波峰和波谷。在制茶时，如果发酵在接近波峰时就停止，就允许茶叶在保存的过程中进行后发酵，这样的茶叶就可以保存较长时间；如果一开始就让其发酵到波峰，那在保存的过程中就要注意抑制茶叶后发酵的形成条件，控制温度，避免茶叶和空气接触。如果茶叶的发酵已经过了波峰，茶叶就难入上乘境界。

② 茶叶发酵后的烘干程度。目前，茶叶制作技术在朝轻发酵的方向转变。在轻发酵中，茶叶容易体现出兰花香，茶汤也比较漂亮（呈现标准的"绿豆汤"）。如果想让干茶叶体现香气，那么生产过程中就不能将茶叶烘得太干，要含一定的水分。针对这样的茶叶，在后期保存时，一定需要注意低温和密封保存，以降低水分在茶叶中的作用。如果茶叶烘得比较干，用手摸一摸感觉很脆、很干爽，这样的茶叶在保存时对温度的要求就比较低。

2. 铁观音的储存方法

针对采用了真空压缩包装法、附有外罐包装的小包装铁观音，如果预计近期（20天之内）就会喝完，一般只需将茶叶放置在阴凉处，避光保存即可。如果想达到保存铁观音的最佳效果和最长时限的话，建议将其放置在 -5℃的环境中保存，这样可达到最佳效果。不过，如果想尝到新鲜的铁观音的味道，保存时间不要超过一年，以半年内喝完为佳。

◎冲泡须知

铁观音属于半发酵茶，宜采取工夫泡茶法来冲泡，只有采用工夫泡茶法，才能将铁观音的色、香味充分地冲泡出来。

另外，冲泡铁观音时要用现开的沸水，这样才能让茶的品质很好地体现出来。第一泡的水为洗茶水，要倒掉或用于暖杯，不宜饮用。

◎冲泡步骤

1.准备好茶具和茶叶，欣赏铁观音的外形和色泽。（图1）

2.用沸水烫洗茶具。（图2）

3.将茶荷中的铁观音倒入盖碗。（图3）

4.将沸水冲入盖碗。第一泡的水用来洗茶和烫杯。（图4）

5.再次加入沸水，静待片刻，将茶汤倒入公道杯。（图5）

6.再将茶汤倒入品茗杯。（图6）

7.拿起碗盖，放在鼻子下方闻香，然后品饮。（图7）

◎品饮

铁观音状似蜻蜓头、螺旋体、青蛙腿，极具欣赏价值。其香气馥郁高远，为嗅觉一大享受；滋味甘爽醇厚，乃味觉一大福气。

凤凰单丛

◎佳茗简介

凤凰单丛属于乌龙茶类，产于广东省潮州市凤凰山。该地区濒临东海，气候温暖，雨水充足，茶树均生长在海拔 1000 米以上的山区。该地区终年云雾弥漫，空气湿润，昼夜温差大，年平均气温在 20℃左右，年降水量在 1800 毫米左右，土壤肥沃，含有丰富的有机物质和多种微量元素，有利于茶树的发育及形成茶多酚和芳香物质。当地现在尚存的 3000 余株单丛大茶树，树龄均在百年以上，形状奇特，品质优良，单株高大如榕，每株年产干茶十余千克。

单丛茶来源于凤凰山中的优良单株茶树，经培育、采摘、加工而制成。因成茶香气、滋味的差异，当地习惯将单丛茶按香型分为黄枝香、芝兰香、桃仁香、玉桂香、通天香等几个品种。因此，单丛茶实行分株单采，当新茶芽萌发至小开面（即出现驻芽）时，即按一芽二叶或一芽三叶的标准，用骑马采茶手法采下，盛放于茶箩内。采茶时需遵守日光强烈时不采、雨天不采、雾水茶不采的原则，一般在午后开采，当晚加工。制茶均在夜间进行，经晒青、晾青、碰青、杀青、柔捻、烘焙等工序，历时 10 小时制出成品茶。

>>外形

◎品质

[外形] 匀整挺直
[色泽] 褐绿色
[叶底] 绿叶红镶边
[汤色] 清澈黄亮
[香气] 高锐韵浓
[滋味] 润喉回甘

>>汤色

◎冲泡步骤

取 7 ～ 10 克茶叶投入壶中，用沸水闷泡，45 ～ 60 秒后就可出水品饮，这样可以品到清纯中带醇厚的味道。

>>叶底

1.白鹤沐浴（洗杯）：用沸水洗净茶具并提高茶具温度。

2.乌龙入宫（落茶）：按凤凰单丛与水1：20的比例放茶。

3.悬壶高冲（冲茶）：当开水初沸，提起水壶，将水冲入盖碗，使茶叶转动、露香。

4.春风拂面（刮沫）：用碗盖轻轻刮去漂浮的泡沫，再用沸水冲洗碗盖。

5.关公巡城（倒茶）：泡1分钟左右后，把茶水依次巡回注入各茶杯。

6.品啜甘霖（品茶）：先嗅其香，后尝其味，边啜边嗅，浅杯细酌。

| 闽北水仙 |

◎佳茗简介

闽北水仙是乌龙茶类中的佳品，原产于百余年前闽北建阳县（现建阳区）水吉乡大湖村一带，现主产区为建瓯、建阳两地。该地群山起伏，云雾缭绕，溪流纵横，竹木苍翠；年均气温为 19.9℃，年降水量在 1600 毫米以上，相对湿度为 80％左右；土地肥沃，土层深厚疏松，有机质含量高，富含磷、钙、镁等矿物质，酸碱度适宜。此处所植的水仙茶树为无性系良种，属中叶种小乔木型，主干明显，枝条粗壮，呈椭圆形；叶肉厚，表面革质有油光；嫩梢长而肥壮，芽叶透黄绿色。闽北水仙是闽北乌龙茶中两个花色品种之一，品质别具一格。武夷山茶区有"醇不过水仙，香不过肉桂"的说法。水仙茶的醇，体现在滋味的甘、鲜、骨爽，且留味长久。

关于闽北水仙的得名有一段传说。清朝康熙年间，一个福建人发现一座寺庙旁边有一棵大茶树，这棵大茶树因为受到该寺庙土壁的挤压而分出几根扭曲变形的树干。那人觉得树干虬曲有趣，便挖出来带回家种植，他巧妙地利用树的变形，培育出了清香的好茶。闽南话的"水"就是美，因此从美丽的仙山采得的茶，便称为"水仙"，这令人联想到早春开放的水仙花。

闽北水仙春茶于每年谷雨前后采摘。采摘驻芽第三、四叶，经萎凋、做青、杀青、揉捻、初焙、包揉、足火等工序制成毛茶。由于水仙叶肉肥厚，做青需根据叶厚水多的特点以"轻摇薄摊，摇做结合"的方法灵活操作。包揉工序为做好水仙茶外形的重要工序，包揉过程中，将叶片揉至适度，最后以文火烘焙至足干。

>>外形

>>汤色

◎品质

[外形] 紧结沉重，叶端扭曲

[色泽] 油润暗绿

[叶底] 厚软黄亮

[汤色] 清澈橙黄

[香气] 浓郁，有兰花香

[滋味] 醇厚，回味甘爽

>>叶底

| 冻顶乌龙 |

>>外形

◎佳茗简介

冻顶乌龙茶产于我国台湾南投县凤凰山支脉冻顶山一带。传说因雨多、山高路滑，当地茶农必须绷紧脚尖（当地俗话称为"冻脚尖"）才能上山顶，故称此山为"冻顶山"。冻顶山上栽种了多种茶树良种，因山高林密土质好，茶树生长茂盛。茶树的主要种植区鹿谷乡，年均气温22℃，年降水量2200毫米，空气湿度较大，终年云雾笼罩。茶园土壤属棕色高黏性土壤，排水、储水条件良好。

冻顶乌龙茶是台湾包种茶的一种。包种茶的名字源于福建安溪，当地茶店售茶时均用两张方形毛边纸盛放茶叶，内外相衬，将茶叶包成长方形茶包，包外盖有茶行的商标，然后按包出售，称为"包种"。台湾包种茶属轻度或中度发酵茶，亦称清香乌龙茶。包种茶按外形不同可分为两类：一类是条形包种茶，以文山包种茶为代表；另一类是半球形包种茶，以冻顶乌龙茶为代表，素有"北文山、南冻顶"之美誉。

>>汤色

冻顶乌龙茶一年四季均可采摘，一年可采4～5次。采摘时，均采摘未开展的一芽二叶或一芽三叶嫩梢。采摘的最佳时间为每天上午10时至下午2时，采后立即送至工厂加工。其制作过程分初制与精制两大工序，初制中以做青为主要程序。做青时，将采下的茶菁在阳光下暴晒20～30分钟，使茶菁软化，水分适度蒸发，以利于揉捻时保护茶芽完整。萎凋时应经常翻动，使茶菁充分吸氧发酵，待发酵到产生清香味时，即进行高温杀青，然后进行整形，使茶条定型成半球状，再将粗茶条、细茶条、片状茶条完全分开，分别送入烘焙机高温烘焙，以减少茶叶中咖啡因的含量。

冻顶乌龙滋味醇厚甘润，散发桂花清香，后韵回甘味强，饮后杯底不留残渣。茶的品质以春茶最好，秋茶次之，夏茶品质较差。

>>叶底

◎品质

[外形] 半球形，弯曲状

[色泽] 墨绿，边缘隐隐显金黄色

[叶底] 肥厚有弹性

[汤色] 金黄带绿

[香气] 熟果香或浓花香

[滋味] 醇厚甘甜

| 铁罗汉 |

◎佳茗简介

铁罗汉产于闽北"秀甲东南"的名山武夷山，其茶树生长在岩缝之中。铁罗汉树为千年古树，稀世之珍，现陡峭绝壁上仅存4株。它们由岩缝渗出的泉水滋润，不施肥料，生长茂盛，树龄已达千年。铁罗汉树为灌木型，树冠半展开，分支较密集，叶梢向上斜生，叶近椭圆形，叶端略下垂，叶缘微向面翻，叶色泛深绿色光泽，嫩芽略壮显亮、深绿带紫。

在我国，铁罗汉的生产历史悠久，唐代已开始采制铁罗汉叶，宋代将其列为贡品，元代在武夷山九曲溪之畔设立御铁罗汉园，专门采制贡铁罗汉，明末清初创制了乌龙铁罗汉。

铁罗汉茶采制技术精细，每年春天，采摘3～4叶开面新梢，经晒青、晾青、做青、炒青、初揉、复炒、复揉、走水焙、簸拣、摊凉、拣剔、复焙、再簸拣、补火而制成。

铁罗汉品质最突出之处是香气馥郁，有兰花香，香高持久，且很耐冲泡，冲泡七八次仍有香味。品饮铁罗汉时，必须按工夫茶小壶小杯的方式细品慢饮，因为铁罗汉多饮易"醉"，用小杯饮也更容易感受到铁罗汉的韵味。

>>外形

>>汤色

◎品质

[外形] 壮结匀整

[色泽] 绿褐鲜润

[叶底] 软亮

[汤色] 清澈艳丽

[香气] 馥郁持久

[滋味] 甘馨可口

>>叶底

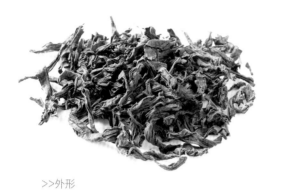

>>外形

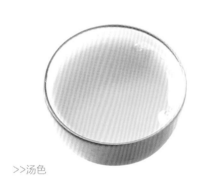

>>汤色

>>叶底

| 水金龟 |

◎佳茗简介

水金龟是武夷岩茶四大名枞之一，产于武夷山区牛栏坑杜葛寨峰下的半崖上。其树皮色灰白，枝条略有弯曲，叶呈长圆形、翠绿色，有光泽，因茶叶浓密且闪光模样宛如金色之龟而得此名。每年五月中旬采摘，以一芽二叶或一芽三叶为主，成品茶色泽绿里透红，滋味甘甜，香气高扬。它既有铁观音之甘醇，又有绿茶之清香，具鲜活、甘醇、清雅、芳香等特色，是茶中珍品。

水金龟扬名于清末，据说该茶树原长于天心岩杜葛寨下，属天心寺所有。一日大雨倾盆，致使茶园边岸崩塌，茶树被大水冲至牛栏坑半岩石凹处。兰谷山村民遂于该处凿石设阶，砌筑石围，壅土以蓄之。后来天心寺寺僧和兰谷山村民为争此茶，诉讼多次，耗资千金，从此水金龟声名大振。

◎品质

[外形] 条索肥壮，自然松散

[色泽] 绿里透红，呈宝色（指色泽油润，带有鲜活的光泽感）

[叶底] 软亮

[汤色] 金黄

[香气] 清新幽远

[滋味] 甘醇浓厚

◎冲泡步骤

冲泡水金龟时，可选用盖碗或紫砂壶。取适量茶叶，用100℃的沸水冲泡。第一泡的水为洗茶水，不饮用，直接倒掉。而后几泡时间随个人口味而定，一般45～60秒就可以出水品饮，以后可每泡延后20秒左右，就可感受茶汤的甘醇。

| 本山茶 |

◎佳茗简介

本山茶，原产于安溪西坪尧阳。据1937年庄山彰撰《安溪茶业调查》称："此种茶发现于60年前，发现者名圆醒，今号其种曰圆醒种，另名本山种。"本山茶香高味醇，品质好的与铁观音相似。

本山茶条梗鲜亮，较细瘦，如"竹子节"，尾部稍尖；色泽鲜润，茶汤呈橙黄色；叶底黄绿；叶张尖薄，呈长圆形，叶面有隆起，主脉明显；香似铁观音。

本山植株为灌木型，中叶类，中芽种。其树势开张，枝条斜生，分枝细密；叶形椭圆，叶薄质脆，叶面稍内卷，叶缘波浪明显，叶齿大小不匀；芽密且梗细长，花果颇多。本山茶一年生长期在8个月左右。

本山茶与铁观音为"近亲"，但长势与适应性均比铁观音强，所以价格比较便宜，对于爱喝铁观音的朋友们来说，本山茶是铁观音的最佳替代品。本山制乌龙茶品质优良，制红茶、绿茶品质中等。

>>外形

◎品质

[外形] 紧结

[色泽] 绿里透红

[叶底] 软亮

[汤色] 金黄

[香气] 清细幽远，似铁观音

[滋味] 甘醇浓厚

>>汤色

◎冲泡步骤

取200毫升的玻璃杯，先用沸水烫洗玻璃杯，再取5克本山茶用沸水冲泡，1分钟后就可饮用。

>>叶底

>>外形

>>汤色

>>叶底

| 武夷肉桂 |

◎佳茗简介

武夷肉桂又称玉桂，因香气似桂皮香而得名。

肉桂茶从被发明到现在已有100多年的历史。该茶以肉桂良种茶树鲜叶作原料，用武夷岩茶的制作方法加工而成。肉桂除了具有岩茶的滋味特色外，更因其香气辛锐持久的品质备受人们的喜爱。肉桂佳者带乳味，香气久泡犹存，冲泡六七次仍有"岩韵"。

武夷肉桂茶有防癌、抗衰老、提高免疫力的功效。在福建农林大学提交的研究报告中，武夷肉桂茶被誉为"健康之宝"，国际茶界评价武夷肉桂茶是"万物之甘露，神奇之药物"。福建中医学院盛国荣教授说："武夷茶，温而不寒，久藏不变质，味厚，不苦不涩，香胜白兰，芬芳馥郁，提神消食，下气解酒，性温不伤胃。"

◎品质

[外形] 紧结卷曲

[色泽] 褐绿

[叶底] 黄亮，油润有光

[汤色] 橙黄清澈

[香气] 桂皮香，佳者带乳味

[滋味] 醇厚回甘，齿颊留香

◎冲泡须知

冲泡时，选用盖碗或紫砂壶，投茶量为茶壶容量的1/2左右。最好使用矿泉水或山泉水，水温以现开现泡为宜。头三泡浸泡时间为20秒左右，以后每泡可增加10 ~ 20秒。

| 黄金桂 |

◎佳茗简介

黄金桂原产于安溪虎邱美庄村，是乌龙茶中风格有别于铁观音的又一极品。黄金桂是用黄旦的嫩梢制成的乌龙茶，因其汤为金黄色又有奇香似桂花香，故名黄金桂。

黄旦植株为小乔木型，中叶类，早芽种。树势较高，树冠直立或半展开，枝条密集，分枝部位高，节间短。叶为椭圆形，叶片薄，发芽率高，芽头密，嫩芽黄绿，毫少。

此茶在现有的乌龙茶品种中是发芽最早的一种，制成的乌龙茶香气特别高，再加上采制早，所以在产区被称为"清明茶""透天香"。黄金桂萌芽、采制、上市早，条索细长匀称，色泽黄绿光亮，香高味醇，因而素有"未尝清甘味，先闻透天香"之称。

>>外形

◎品质

[外形] 条索紧细

[色泽] 色泽润亮，绿里透红

[叶底] 软亮，中央黄绿，边朱红

[汤色] 呈金黄、明黄色

[香气] 香高幽远，带桂花香

[滋味] 甘醇浓厚

>>汤色

◎冲泡须知

冲泡时，根据茶叶的形状决定投放量。如果外形紧结，则投放量需占茶壶容量的 1/3 ～ 1/4；若较松散，则需占壶容量的一半。由于黄金桂中的某些芳香物质一定要在高温的条件下才能渗出，因此一定要用沸水冲泡。

>>叶底

| 永春佛手 |

永春佛手的正宗产地位于福建省泉州市的永春县。永春县茶叶生产历史悠久，是全国三大乌龙茶出口基地县之一。此地盛产的永春佛手、水仙、铁观音均是乌龙茶中的极品，尤其是永春佛手，更是独具地方特色的中国名茶。

永春佛手又名香橼、雪梨，因其形似佛手，名贵胜金，又称"金佛手"。

永春佛手茶树属大叶种灌木型，因其树势开展，叶形酷似佛手柑，因此得名"佛手"。佛手茶树品种有红芽佛手与绿芽佛手两种（以春芽颜色区分），以红芽为佳。茶树树冠高大，鲜叶大如掌，呈椭圆形，尖端较钝，主脉弯曲。叶面扭曲不平，叶肉肥厚，质地柔软，叶色黄绿有油光，叶缘锯齿稀疏。此茶外形紧结肥壮，色泽砂绿乌润，叶底黄绿明亮，汤色金黄透亮，香气馥郁幽芳，滋味甘爽。

| 白毫乌龙 |

白毫乌龙产自我国台湾新竹县、苗栗县，有"最高级乌龙茶"之称，又名"膨风茶""风茶"。白毫乌龙茶最特别的地方在于，茶菁必须让小绿叶蝉（又称浮尘子）叮咬吸食，昆虫的唾液与茶叶中的酶混合可以产生特别的香气。茶的好坏取决于小绿叶蝉的叮咬程度，这也是此茶具有醇厚果香蜜味的来源。因为要让小绿叶蝉生长良好，所以在此茶生长过程中绝不能使用农药。

白毫乌龙的特点为茶芽肥大，白毫明显，红、白、黄、绿、褐相间，茶汤为琥珀色，带有天然的果香与蜂蜜香，品尝起来滋味软甜甘润，少有涩味。

白毫乌龙茶冷饮、热饮皆宜，待茶汤稍冷时，滴入一点白兰地等浓厚的好酒，可使茶味更加浓醇，因此白毫乌龙又被誉为"香槟乌龙"。百余年前，白毫乌龙销至英国皇室，维多利亚女王有感茶叶舒展后形貌的雅丽，将此茶命名为"东方美人"。

毛蟹茶

毛蟹茶条紧结，梗圆、头大、尾尖，芽叶嫩，多白色茸毛，色泽呈褐黄绿色，茶汤呈青黄或金黄色。其叶底圆小，中部宽，头尾尖，锯齿深、密、锐，而且向下钩，叶稍薄，主脉稍浮现。其味清纯略厚，香清高，略带茉莉花香。

毛蟹植株为灌木型，属中叶类，中芽种。树势半开展，分枝稠密；叶形椭圆，前端凸尖，叶片平展；叶色深绿，叶厚质脆，锯齿锐利；芽梢肥壮，茎粗节短，叶背白色茸毛多，开花尚多，但基本不结实。毛蟹一年生长期有8个月，育芽能力强，但持嫩性较差，发芽密而齐，采摘批次较多。其树冠形成迅速，成园较快，适应性广，抗逆性强，易于栽培，产量较高。

泡毛蟹茶时，茶具可用盖碗或紫砂壶，取干茶7克左右，用100℃的沸水冲泡。第一泡的目的是洗茶，加水后立即将水倒掉。之后几泡时间随个人口味而定，一般能冲泡七八次以上，其中以第二至四泡香气最佳。

文山包种

文山包种茶盛产于我国台湾的台北和桃园等地，又名"清茶"，是台湾乌龙茶中发酵程度最轻的清香型绿色乌龙茶。文山包种茶以台北文山区所产制的品质最优，香气最佳，所以习惯上称之为"文山包种茶"。文山包种茶和冻顶乌龙茶一样，都是台湾的特产，享有"北文山、南冻顶"之美誉。

文山包种茶的典型特征是：条索紧结、自然卷曲，色泽墨绿有油光；叶底鲜绿完整；汤色蜜绿鲜艳；香气清扬，带有明显的兰花香；滋味甘醇。

文山包种茶具有"香、浓、醇、韵、美"五大特色，素有"露凝香""露凝春"的美誉，为茶中珍品。

凤凰水仙

凤凰水仙原产于广东省凤凰山区。传说南宋末代皇帝南下潮汕，途经凤凰山区乌际山时，口甚渴，于是侍从们采下一种叶尖似鸟嘴的树叶加以烹制。皇帝饮后顿觉生津止渴，口舌生香。从此此树广为栽植，称为"宋种"，迄今已有900余年历史。现在尚存有一些300～400年树龄的老茶树，被称为宋种后代，最大一株名"大叶香"，树高5～8米，宽约7米，茎粗约35厘米，有5个分枝。凤凰水仙享有"形美、色翠、香郁、味甘"之誉。凤凰水仙茶条肥大，色泽呈鳝鱼皮色，油润有光。此茶十分耐泡，其茶汤橙黄清澈，味醇爽口，香味持久。

白茶

白茶为福建特产，主要产区在福鼎、政和、松溪、建阳等地，是六大茶类之一。制作白茶属于轻微发酵茶，是我国茶类中的特殊珍品。制白茶的基本工艺包括萎凋、烘焙（或阴干）、拣剔、复火等，萎凋是形成白茶品质的关键工序。

白茶具有芽毫完整、满身披毫、毫香清鲜、汤色黄绿清澈、滋味清淡回甘的特点。因其成品茶多为芽头，满披白毫，如银似雪而得名。

白茶的生产已有 200 年左右的历史，它诞生于福鼎，因此又称为福鼎白茶。福鼎有一种品种优良的茶树，茶芽上披满白茸毛，是制茶的上好原料。人们采摘细嫩、叶背多白茸毛的芽叶，加工时不炒不揉，而是晒干或用文火烘干，使白茸毛在茶的外表完整地保留下来，这就是它呈白色的缘故。白茶制作工艺流程如下：

采摘

根据气温条件，采摘玉白色一芽一叶的初展鲜叶，做到早采、嫩采、勤采、净采。芽叶成朵，大小均匀，留柄要短。轻采轻放，用竹篓盛装，用竹筐贮运。

萎凋

将采下的鲜叶薄薄地摊放在竹席上，置于微弱的阳光下，或置于通风、透光效果好的室内让其自然萎凋。摊放的目的，一是散发青气、水分，二是提高茶叶品质，三是便于炒制。摊放时间要适中，一般以手抓感到柔软为宜。

烘干

初烘：烘干机温度为 100 ~ 120℃，时间为 10 分钟，烘干后摊放 15 分钟。

复烘：开始温度为 80 ~ 90℃，然后降至 70℃左右长烘。

保存

茶叶所含水分应控制在 5% 以内，放入温度为 1 ~ 5℃的冷库。从冷库取出的茶叶应在三小时后打开，再进行包装。

白茶性凉，具有退热降火的功效。白茶的主要品种有银针、白牡丹、贡眉等。尤其是白毫银针，全身披满白色茸毛，形状挺直如针。白茶汤色浅黄，鲜醇爽口，人饮后回味无穷。

白毫银针 |

◎佳茗简介

　　白毫银针简称银针，又叫白毫，素有"茶中美女""茶王"之美称。白毫银针的制作原料全部是茶芽，制成成品茶后，其形状似针，色白如银，因此被称为白毫银针。

　　白毫银针主要产自福建的福鼎、政和两地。福鼎所产的茶芽茸毛厚，色白而富有光泽，汤色呈浅杏黄色，味清鲜爽口；政和所产的茶汤味醇厚，香气清芳。

>>外形

　　白毫银针的采摘十分细致，要求极其严格，规定雨天不采，露水未干不采，细瘦芽不采，紫色芽头不采，风伤芽不采，人为损伤芽不采，虫伤芽不采，开心芽不采，空心芽不采，病态芽不采，号称"十不采"。在采摘过程中，只采肥壮的单芽头，如果采回一芽一叶或一芽二叶的新梢，则只摘取芽心，俗称抽针。对制白毫银针的茶树，每年秋冬要加强肥培管理以培育壮芽，翌年采制以春茶头一、二轮的顶芽品质最佳，到三、四轮后多系侧芽，较瘦小。第一轮春芽特别肥壮，是制造优质白毫银针的理想原料。夏秋茶茶芽瘦小，不符合白毫银针原料的要求，一般不采制。采下的茶芽，要求及时送回厂加工。白毫银针的制作工艺简单，制作过程中，不炒不揉，茶芽经过萎凋和干燥，自然缓慢地发生变化，形成白茶特殊的品质风格。

>>汤色

◎品质

|外形| 挺直如针

|色泽| 色白如银

|叶底| 黄绿柔润

|汤色| 浅杏黄色

|香气| 清香芬芳

|滋味| 清鲜爽口

>>叶底

◎**冲泡步骤**

白毫银针多采用盖碗法冲泡，冲泡时水温以80℃左右为好，具体冲泡步骤如下：

1. 赏茶：用茶匙取出白茶少许，置于茶荷中，欣赏干茶的形与色。（图1）

2. 烫杯：将沸水冲入盖碗，再将盖碗内的水倒入品茗杯，然后倒入茶杯，最后将水倒掉。（图2～3）

3. 置茶：将茶荷中的茶投入盖碗。（图4）

4. 泡茶：用高冲法，沿同一方向冲入80℃的水100～120毫升，然后将茶汤倒入公道杯。第一泡茶通常不喝，用来温杯。可将温杯后的茶汤浇在茶宠身上，用来养茶宠。（图5～9）

5. 第二泡：冲泡方法同第一泡，等3～5分钟，至汤色发黄时，即可饮用。（图10～11）

6. 品饮：端杯闻香和品尝。（图12）

| 白牡丹 |

福建省福鼎、政和一带盛产白牡丹。白牡丹的外形特点是两叶抱一芽，叶子隆起呈波纹状，边缘后垂微卷，叶子背面布满白色茸毛。冲泡后，碧绿的叶子衬托着嫩嫩的芽，形状优美，好似牡丹蓓蕾初放，十分恬淡高雅。

白牡丹的制作工序只有萎凋及焙干两步，但工艺不易掌握。萎凋以室内自然萎凋的品质为佳。制茶时，采下芽叶，均匀薄摊于水筛（一种竹筛）上，以不重叠为度，萎凋失水至七成干时两筛并为一筛，至八成半干时再两筛并为一筛，萎凋至九成半干时下筛，置烘笼中以90～100℃的温度焙干，即制成毛茶。烘焙火候要适当，过高则香味欠鲜爽，不足则香味平淡。白牡丹外形肥嫩笔直，色泽翠绿有茸毛，叶底肥嫩匀整，汤色明亮，香气高长清爽，滋味清甜醇爽。

冲泡时，将3～5克白牡丹投入茶杯中，水温控制在70～85℃左右，注水至三分满后，轻轻摇晃茶杯以润茶，然后高冲至八分满。静置2～3分钟，待茶汤稍冷却后即可享用。在茶水余下约1/3时再次注水，效果更佳。

| 贡眉 |

贡眉又被称为寿眉，是用菜茶树的芽叶制成的。这种用菜茶树芽叶制成的毛茶称为"小白"，以区别于用福鼎大白茶、政和大白茶茶树芽叶制成的"大白"毛茶。它是白茶中产量最多的品种。贡眉采摘标准为一芽二叶或一芽三叶，要求含有嫩芽、壮芽。初制、精制工艺与白牡丹的基本相同，所含物和保健功效也与白牡丹相差无几，但品质比白牡丹差。

优质贡眉冲泡后，叶底匀整软嫩，色灰绿匀亮，香气浓醇。我们可以通过观察茶汤颜色判断是新茶还是陈茶。如果冲泡出来的茶汤呈翠绿色，说明是新茶；若呈金褐色，还有中药味，则说明是陈茶。

冲泡时，宜用盖碗或紫砂壶冲泡，取茶叶5～7克，水温为70～85℃。用热水快速润一遍茶，唤醒茶味，然后冲泡，第一泡时间在2分钟左右，而后时间可适当延长。先闻香，后尝味。泡好的贡眉茶香浓醇，茶味醇厚、浓爽，令人回味无穷。冲泡4～5次后，香味依然，回甘依旧。

黄茶

黄茶是人们在制炒青绿茶的过程中发明的。制作炒青绿茶时，由于杀青、揉捻后干燥不足或不及时，叶色会变黄，这样制成的茶就是黄茶。黄茶的品质特点是"黄叶黄汤"。黄茶分为黄芽茶、黄小茶、黄大茶三类。

黄茶的加工方法近似于绿茶，其制作过程为：采鲜叶—杀青—揉捻—闷黄—干燥。黄茶按照原料芽叶的嫩度和大小可分为黄芽茶、黄小茶和黄大茶三类。黄芽茶的原料是细嫩的单芽或一芽一叶，主要包括君山银针、蒙顶黄芽等。黄小茶的原料是细嫩芽叶，主要包括伪山毛尖、温州黄汤等。黄大茶的原料是一芽二叶至一芽五叶，主要包括广州大叶青等。

黄茶的杀青、揉捻、干燥等工序均与绿茶制法相似。制黄茶时最重要的工序是闷黄，这是形成黄茶特点的关键。其主要做法是将经过杀青和揉捻的茶叶用纸包好，或堆积起来盖上湿布，时间从几十分钟到几个小时不等，促使茶坯在水热作用下进行非酶性的自动氧化，从而产生一些有色物质。变色程度较轻的是黄茶，程度重的则是黑茶。

黄茶因品种和加工技术不同，形状有明显差别。如君山银针以形似针、芽头肥壮、白毫多者为好，以芽瘦扁、白毫少者为次。蒙顶黄芽以条索扁直、芽壮多毫者为好，以条索弯曲、芽瘦小者为差。鹿苑茶以条索紧结、卷曲呈环形、显毫者为好，以条索松直、不显毫的为差。黄大茶以叶肥厚成条、梗长壮、梗叶相连者为好，以叶呈片状、梗细短、梗叶分离或梗断叶破者为差。

黄茶的色泽以金黄鲜润为优，以枯暗为差；香气以火功足、有锅巴香为优，以火功不足为次；汤色以黄汤明亮为优，以黄暗或黄浊为次；滋味以醇和鲜爽、回甘、收敛性弱为优，以苦、涩、淡、闷为次；叶底以芽叶肥壮、匀整、鲜亮为优，以芽叶瘦、薄、暗为次。

| 君山银针 |

◎佳茗简介

君山银针产于湖南省岳阳市洞庭湖的君山，因为形状似针，所以叫君山银针。又因为它芽头壮硕，大小、长短均匀，茶芽的内侧为金黄色，外层白毫显露，被称为"金镶玉"。《巴陵县志》中记载："知县邀山僧采制一旗一枪，白毛茸然，俗呼白毛茶。"因此在民间，君山银针也被叫作白毛茶。

《唐国史补》中记载："风俗贵茶，茶之名品益众。剑南有蒙顶石花，或小方，或散芽，号为第一……湖南有衡山，岳州有溢湖之含膏。"说的就是在唐代，湖南洞庭湖的君山就已经开始产茶。据说文成公主远嫁松赞干布时，嫁妆中就有君山银针。

宋朝，茶叶生产进一步发展，朝廷还在各地建立了专门的贡茶院，研究制茶工艺，评比茶叶质量。君山银针在此时成为皇家必备佳茗。马端临在《文献通考》中写道："独行灵草、绿芽、片金、金茗，出潭州；大小巴陵、开胜、开卷、小卷生、黄翎毛，出岳州。""黄翎毛"指的就是如今的君山银针。

到清朝的时候，君山茶分为"尖茶"和"茸茶"两种。其中尖茶品质更好，被列为贡茶。《巴陵县志》中记载："君山产茶，嫩绿似莲心。""君山贡茶自清始，每岁贡十八斤。"清代万年淳有诗云："试把雀泉烹雀舌，烹来长似君山色。"可见他对君山银针评价很高。

1956 年，君山银针在莱比锡国际博览会上，因为质量优良、历史悠久，赢得了金质奖章。在 20 世纪 50 年代，君山银针被茶叶界公认为"中国十大名茶"之一。

君山银针历史悠久，在每一个历史时期都有着自己独特的重要地位。君山银针的品质是得到了历史认证的，是我们中国的骄傲，也是世界茶业界的珍品。

◎产地分布与自然环境

君山银针产于烟波浩渺、风光秀丽的岳阳洞庭湖的君山岛（也叫青螺岛）。此岛自古就有"洞庭帝子春长恨，二千年来草更长"的赞誉。君山岛面积不到一平方千米，但是因为四面环水，终年云雾缭绕，空气湿润，土壤深厚肥沃，十分适宜茶树的生长，所以也被称为"洞庭茶岛"。

君山岛属于洞庭湖冲积平原地貌，岛上风景秀丽，空气新鲜，是避暑胜地。独特的小气候对君山银针的生长起到了十分重要的作用。

>>君山银针茶芽

地理特点		气候特点	
	君山岛四面环水，无高山深谷，地势西南高东北低，平均海拔55米。		该地气候属亚热带季风气候，冬季较暖和，四季温差小，早晚温差大，风速慢，湿度大，云雾多。
热量 光照	年平均温度16～17℃。	水量	年平均降水量在1340毫米左右，年均相对湿度约80%。
	年均日照时长为1740小时。		
植被	以竹类和茶树居多，如罗汉竹、斑竹、方竹、实心竹、紫竹、龙竹、连理竹等。	土壤	土壤多为红壤、黄壤及其变种，pH值在4.0～6.5之间。土质肥沃深厚、疏松，吸热能力强，表层水分蒸发快。

◎选购

现在君山银针有多个品牌，其中最为有名的为"君山"牌君山银针。君山牌君山银针在 2006 年经国家商务部、外交部批准，被指定为赠送给俄罗斯总统普京的国礼茶。2008 年，君山银针入选"奥运五环茶"。2009 年，"君山"商标被国家工商总局认定为"中国驰名商标"。2010 年，"君山"品牌获评"'金芽奖'中国黄茶标志性品牌"。

按照制作工艺的不同，君山银针可以分为黄茶型银针和绿茶型银针两种。两种茶各有千秋，黄茶型银针为正统的君山银针，是按照传统工艺制作成的。绿茶型银针是按照绿茶的加工工艺制作而成的，口感比黄茶型银针重，价位也比其贵，被称为"绿茶王"。

根据外形和内质，君山银针被分为极品、特级、一级三个品级。

等级	外形	色泽	汤色	香气	滋味
极品	茶叶直挺壮实、匀整	金黄光亮	杏黄明亮	有清香	甜醇
特级	茶叶紧直、较匀称	金黄	杏黄明亮	有清香	甜醇
一级	茶叶细紧、略弯，略有断碎	暗黄	杏黄较亮	香气纯正	醇和

君山银针首轮春芽每年只能在清明前后七到十天采摘，而且规定有"九不采"：雨天不采，风霜天不采，开口不采，发紫不采，空心不采，弯曲不采，虫伤不采，瘦弱芽不采，过长过短芽不采。君山银针风格独特，且每年产量很少，因此每年刚上市时，价格都比较高。

◎品质

君山银针芽头肥壮，大小、长短均匀，内里为黄色，外表白毫显露。冲泡3～5分钟，待茶芽完全吸水后，芽尖朝上，芽蒂朝下，上下浮动，三起三落，最后竖立于杯底。冲泡之后的茶叶如同黄色的羽毛，也被称为"黄翎毛"。观其形，赏其状，再品其味，入口清香沁人。君山银针制作工艺要求极高，所以成品也极其珍贵。在选购时，一定要仔细辨别，以免买到假冒伪劣产品。

君山银针有以下特点：

外形	芽头肥壮，紧实挺直，满披白毫
色泽	金黄光亮
汤色	橙黄明净
香气	清纯
滋味	甜爽
叶底	嫩黄匀亮

>>外形

>>汤色

>>叶底

◎储存

君山银针可以采用石膏保存法保存。石膏具有很好的防潮作用，所以在保存茶叶的时候一般都可以用石膏。保存君山银针时应怎么利用石膏呢？这个可是有讲究的。

使用时，先将石膏捣碎，均匀地铺撒在箱子底部，再铺上两层皮纸。把茶叶用皮纸分装成独立的小包，然后放在皮纸上，再把箱子盖好。记住，石膏一定要经常换才能保证茶叶不变质。

◎冲泡须知

君山银针属于黄茶，冲泡时适宜用玻璃杯或白瓷盖碗。如果是用玻璃杯冲泡然后直接饮用，为避免茶汤滋味苦涩，要适当减少投茶量，这样可以降低茶汤的浓度。另外，茶汤冲泡好后尽快出汤饮用也可以避免茶汤苦涩。

◎冲泡步骤

1.用沸水预热茶杯，清洁茶具，并擦干杯子，以避免茶芽吸水后不易竖立。（图1）

2.用茶匙轻轻从茶罐中取出君山银针约3克，放入茶杯待泡。（图2~3）

3.用水壶将凉至70~85℃的开水先快后慢地冲入盛茶的杯子中，水量为茶杯的一半，使茶芽湿透。（图4）

4.稍后，再加水至八分满。（图5）

5.观察茶叶从顶部慢慢沉下去的姿态。约5分钟后，即可品饮。

◎品饮

君山银针芳香清纯、滋味甘爽，饮后唇齿留香。唐先哲在《题君山银针茶》中写道："春水一湾扑鼻香，绿华方寸舞霓裳。怡神爽口先无我，心不沉兮胜老庄。"这首诗可谓把君山银针的美妙滋味形容到了极致。

| 蒙顶黄芽 |

◎佳茗简介

　　蒙顶黄芽产自四川蒙顶山，是中国历史上有名的贡茶之一。蒙顶山区气候温和，年平均温度为14～15℃，年平均降水量在2000毫米左右，阴雨天较多，年日照时数仅1000小时左右，一年中雾日多达280～300天。雨多、雾多、云多是蒙顶山的特点。

　　蒙顶黄芽也有"黄叶黄汤"的品质特征，其采摘标准很严格，一般于春分采摘，通常选圆肥单芽和一芽一叶初展的芽头，经复杂的工艺制作而成。成茶芽条匀整，扁平挺直，芽叶细嫩，金毫显露，色泽嫩黄油润，汤色黄中透碧。蒙顶黄芽以汤色嫩黄清澈、润泽明亮为优，以汤色浑浊暗淡为次。蒙顶黄芽有一种独特的甜香，芬芳浓郁，口感爽滑，滋味醇和。

◎品质

[外形] 外形匀整，扁平挺直
[色泽] 色泽黄润，金毫显露
[叶底] 嫩黄
[汤色] 黄中透碧，清澈明亮
[香气] 甜香浓郁
[滋味] 甘醇鲜爽

>>外形

>>汤色

>>叶底

| 霍山黄芽 |

霍山黄芽主要产于安徽省霍山县，其中以大化坪的金鸡山、金山头，太阳乡的金竹坪，姚家畈的乌米尖，即"三金一乌"所产的霍山黄芽品质最佳。霍山地处大别山腹地，古属淮南道寿州盛唐县，霍山黄芽产区位于大别山北麓，地处县境西南的深山区，可谓"山中山"。这一带峰峦绵延，重岩叠嶂，山高林密，泉多溪长，三河（太阳河、漫水河、石羊河）蜿蜒，一水（佛子岭水库）浩渺，年平均温度为15℃，年平均降水量约1400毫升，生态环境优越。

霍山黄芽鲜叶细嫩，因山高地寒，开采期一般在谷雨前3～5天，采摘标准为一芽一叶或一芽二叶初展。霍山黄芽要求鲜叶新鲜度好，采回的鲜叶应薄摊，使其散失表面水分，一般上午采下午制，下午采当晚制。霍山黄芽外形条直微展，色泽嫩绿披毫，叶底嫩黄明亮，汤色黄绿清澈，清香持久，滋味鲜醇浓厚。

| 广东大叶青 |

大叶青为广东的特产，制法是先萎凋后杀青，再揉捻、闷堆，这与其他黄茶的制作工序不同。杀青前先萎凋和揉捻后闷黄的主要目的是消除青气和涩味，保证茶叶香味的醇和纯正。

广东省地处我国南方，位于亚热带以及热带气候区，这里常年温热多雨，年平均温度大都在22℃以上，年平均降水量在1500毫米左右，甚至更多。茶园多分布在山地和丘陵地区，土壤多为红壤，透水性好，非常适宜茶树的生长。

大叶青外形肥壮，色泽青润显黄，叶底淡黄，汤色橙黄明亮，香气纯正浓厚，滋味浓醇回甘。

| 莫干黄芽 |

莫干黄芽产于浙江省德清县的莫干山，为浙江省第一批省级名茶之一。莫干山群峰环抱，竹木交荫，山泉秀丽，平均气温为21℃左右，夏季最高气温约29℃，常年云雾笼罩，空气湿润，自古被称为"清凉世界"。莫干山土壤多为酸性灰壤、黄壤，土层深厚，腐殖质丰富，松软肥沃。

莫干黄芽的采摘要求非常严格，清明前后所采称"芽茶"，夏初所采称"梅尖"，七八月所采称"秋白"，十月所采称"小春"。其中，以芽茶最为细嫩，采摘一芽一叶或一芽二叶，芽叶经拣剔，分等摊放，然后经过杀青、轻揉、微渥堆、炒二青、烘焙干燥、过筛等传统工序制成。莫干黄芽外形细紧多毫，色泽绿润微黄，叶底嫩黄成朵，汤色黄绿清澈，香气清高持久，滋味鲜爽浓醇。

品尝莫干黄芽时，宜用85℃左右的沸腾过的水来冲泡，泡茶最好使用纯净水，这样泡出来的茶香味会更好一些。

沩山毛尖

沩山毛尖产于湖南省宁乡市。沩山地处高山盆地，自然环境优越，茂林修竹，奇峰峻岭，溪河环绕，芦花瀑布一泻千丈。沩山常年云雾缥缈，罕见天日，素有"千山万山朝沩山，人到沩山不见山"之说。这里年均降雨量达1670毫米，气候温和，光照少，空气相对湿度在80％以上。茶园土壤为黄壤，土层深厚，腐殖质丰富，茶树久受甘露滋润，不受寒暑侵袭，因而根深叶茂，芽肥叶壮。

沩山毛尖的制作工艺如下：采摘无残伤、无紫叶的一芽一叶或一芽二叶，经杀青、闷黄、轻柔、烘焙、熏烟等工艺精制成茶。其中熏烟为沩山毛尖制作工艺的独特之处。沩山毛尖外形微卷，色泽黄亮油润，叶底黄亮嫩匀，汤色橙黄透亮，香气芬芳浓郁，滋味醇甜爽口。

温州黄汤

温州黄汤又称平阳黄汤，产于平阳、苍南、泰顺、瑞安、永嘉等地，其中以泰顺的东溪与平阳的北港所产的茶品质最佳。该茶创制于清代，被列为贡品。温州黄汤于清明前开采，采摘标准为细嫩多毫的一芽一叶或一芽二叶初展，要求大小匀齐一致。加工的基本工艺是杀青、揉捻、闷堆、初烘、闷烘。温州黄汤外形细紧纤秀，色泽黄绿多毫，叶底匀整成朵，汤色橙黄鲜明，香气清高幽远，滋味醇甜爽口。

冲泡温州黄汤时，投茶量一般以略多于绿茶为宜，不宜太多。用80℃左右的水冲泡，3分钟后即可饮用，一般可冲泡3～5次。

鹿苑茶

鹿苑茶产于湖北省远安县鹿苑寺，因鹿苑寺而得名，迄今已有700多年的历史。南宋宝庆元年（公元1225年），朝廷在鹿苑山麓建了一座寺庙。此地兰香谷幽，鸟鸣山空，清溪山脚转，白云山顶缠。山林中常有鹿群出没，嗷嗷而歌，故山名鹿苑山，寺名鹿苑寺，茶名鹿苑茶。可谓山因鹿名，寺随山名，茶随寺名，名山名寺名茶，天造地设，一脉相承。

据县志记载，鹿苑茶起初只是寺僧采摘寺侧栽培茶树的芽叶制成的，产量甚微。当地村民见茶香味浓，争相引种，栽培范围逐渐扩大。鹿苑寺位于群山之中的云门山麓，海拔120米左右，龙泉河于寺前经过。茶园多分布于山脚、山腰一带，峡谷中的兰草、山花与四季常青的百岁楠树伴随着茶树生长。此地终年气候温和，雨量充沛，由红砂岩风化而成的土壤肥沃疏松，因此茶树生长繁茂，形成其特有品韵。鹿苑茶条索呈环状，色泽谷黄，叶底嫩黄匀整，汤色绿黄明亮，清香持久，滋味醇厚甘凉。

冲泡鹿苑茶时，第一杯应倒掉，喝第二杯、第三杯时，其香味沁人心脾。另外，如用正宗紫砂茶具冲泡鹿苑茶，品时更得其味。

黑茶

黑茶是中国六大茶类之一，属全发酵茶，因为成品茶的外观呈黑色而得名。它的主产区为四川、云南、湖北、湖南等地。黑茶采用的原料较粗老，制茶一般包括杀青、揉捻、渥堆和干燥四道工序。

最早的黑茶是由四川生产的由绿茶经蒸压而制成的边销茶。古时，要将四川的茶叶运输到西北地区，就会面临交通不便、运输困难的情况，因此必须减小茶叶体积，于是就将其蒸压成团块。在将茶加工成团块的过程中，茶叶会经过二十多天的湿坯堆积，毛茶的色泽逐渐由绿变黑，成品团块茶叶的色泽会变成黑褐色，并形成茶品的独特风味，这就是黑茶的由来。黑茶也是利用菌发酵的方式制成的茶叶。黑茶按照产区的不同和工艺上的差别，分为湖南黑茶、湖北老青茶、四川藏茶和滇桂黑茶。对于喝惯了清淡绿茶的人来说，初尝黑茶时往往觉得难以入口，但是只要坚持长时间饮用，就会喜欢上它独特的浓醇风味。黑茶不仅流行于云南、四川等地，还受到藏族、蒙古族和维吾尔族人的喜爱，现在黑茶已经成为他们日常生活中的必需品，有"宁可三日无食，不可一日无茶"之说。

由于黑茶的发酵特性，保存时如果防湿防潮做得不好，茶的表面就会长一层白霉。早期这种白霉不会影响黑茶的品质和口感，无须过分担心，而且，黑茶在发酵过程中能产生对人体有益的菌（俗称金花，学名为"冠突散囊菌"）。冲泡黑茶时，先去除其表面的白毛，然后将其在通风处存放几日即可饮用。但是茶叶霉变后若不及时处理，等到茶上出现黑、绿、灰霉就不能饮用了。

一说起肥胖，人们马上会想到脂肪，而黑茶对抑制脂肪的堆积有明显的效果。黑茶在发酵过程中产生的一些成分可以起到防止脂肪堆积的作用。想用黑茶来减肥，最好是喝刚泡好的浓茶。另外，应养成天天饭前饭后各饮一杯的习惯，长期坚持下去即可见效。

六堡茶

◎佳茗简介

六堡茶是历史名茶，属黑茶类，因原产于广西壮族自治区梧州市苍梧县六堡镇而得名。六堡茶的采摘标准是一芽二叶或一芽三叶，经摊青、低温杀青、揉捻、渥堆、干燥制成，分特级和一至六级。六堡茶有特殊的槟榔香气，存放越久品质越佳。

苍梧县的六堡镇位于北回归线北侧，年平均气温约21℃，年降雨量1500毫米，无霜期在30天左右。六堡镇位于桂东大桂山脉的延伸地带，峰峦耸立，海拔1000～1500米，坡度较大。茶叶多种直在山腰或峡谷，那里溪流纵横，山清水秀，日照短，终年云雾缭绕。每天午后，太阳不能直射，水分蒸发少，故当地茶叶厚而大，味浓而香，往往价格昂贵。

凉置陈化是制作六堡茶过程中的重要环节，不可或缺。一般用篓装着，摆放成堆，贮于阴凉的泥土库房，至来年运销，这也形成了六堡茶的独特风格。因此，成品六堡茶必须经散发水分、降低叶温后，堆放在阴凉的地方进行陈化。经过半年左右，汤色会变得更红浓，且产生陈味，形成六堡茶红、浓、醇、陈的品质特点。

◎品质

[外形] 紧细圆直   [色泽] 黑褐光润   [叶底] 红褐细嫩

[汤色] 红浓明亮   [香气] 有槟榔的香味   [滋味] 醇和爽口，略感甜滑

>>外形

>>汤色

>>叶底

◎冲泡步骤

1.备茶，取六堡茶5～10克放入壶中，冲泡水温以100℃为佳。（图1～2）

2.将沸水冲入茶壶，茶叶与水的比例以1:50为宜，等3～5秒即把茶汤倒掉，目的是洗茶、润茶，唤醒茶气。（图3～5）

3.再次冲入沸水，泡7～10秒即把茶汤倒入公道杯，再倒入茶杯，即可品饮。随着冲泡次数的增加，适当延长泡茶的时间。（图6～8）

普洱熟茶

◎佳茗简介

　　普洱熟茶以云南大叶种晒青毛茶为原料，经过渥堆、发酵等工序加工而成。普洱熟茶色泽褐红，滋味醇和，具有独特的陈香。普洱熟茶茶性温和，保健功能较好，深受大众喜爱。普洱茶采用渥堆、发酵技术，1974年，用人工渥堆的方法制作普洱茶的技术在昆明茶厂正式研发成功，从而揭开了普洱茶生产的新篇章。

　　普洱茶有其独特的加工工序，一般要经过杀青、揉捻、干燥、渥堆等几道工序。鲜采的茶叶经杀青、揉捻、干燥之后，成为普洱毛青。这时的毛青韵味浓峻而欠章理。制成毛茶后，根据后续工序的不同可将普洱茶分为熟茶和生茶两种。其中，经过渥堆转熟的就是熟茶。将熟茶长时间贮放，待其品质稳定后，便可销售。贮放时间一般需要2～3年，在干仓陈放了7～8年的熟茶被奉为上品。

>>外形

>>汤色

◎品质

[外形] 芽叶肥壮，舒展有活力

[色泽] 红褐色

[叶底] 红棕色，不柔韧

[汤色] 暗红色，微透亮

[香气] 陈香

[滋味] 醇厚回甘

◎冲泡步骤

　　冲泡普洱熟茶时，先用茶锥顺着茶叶纹路，倾斜着将整块茶撬取下来，再用盖碗泡茶法冲泡即可。

>>叶底

>>外形

>>汤色

>>叶底

| 普洱生茶 |

◎佳茗简介

　　普洱生茶是指新鲜的茶叶被采摘后以自然的方式陈放，未经过渥堆、发酵处理而制成的茶。生茶自然转熟的进程相当缓慢，通常需要 5～年。但是完全稳熟后的生茶，其陈香中仍然存在着活泼生动的韵致，且时间越长，其内香及活力越发显露和稳健。生茶茶性比熟茶浓烈、刺激，新制或陈放不久的生茶有苦涩味，汤色较浅或呈黄绿色。

　　普洱茶特有的品质和陈香是陈放过程中发酵形成的，存放一定时间后，普洱生茶中的主要成分茶多酚、氨基酸、糖类等发生变化，使得汤色、香味趋向于理想化。普洱的存放并不困难，只要不受阳光直射、雨淋，环境清洁卫生、干燥通风，无其他杂味、异味即可。

　　普洱生茶可以清理肠道，有降脂、提神、降压和减肥的功效，适合年轻人饮用。不过生茶的活性成分较多，因此易失眠者、感冒发热者、胃溃疡患者、孕妇不宜饮用。

◎品质

[外形] 芽头明亮，白毫显现

[色泽] 墨绿

[叶底] 呈黄绿色，有弹性

[汤色] 绿黄透亮

[香气] 清纯持久

[滋味] 浓厚回甘

◎冲泡步骤

　　泡普洱生茶时要掌握好水温，水温对茶汤的香气、滋味都有很大的影响。普洱生茶应该用100℃的沸水冲泡。投茶量的多少可依个人口味而定，一般以泡3～5克茶叶用150毫升的水为宜，茶与水的比例在1：50至1：30之间。

　　为使茶香更加纯正，有必要进行洗茶，即泡茶时，将第一次冲下的沸水立即倒出。洗茶可进行1～2次，但是速度要快，以免影响茶汤的滋味。正式冲泡时，泡1分钟左右，即可将茶汤倒入公道杯。叶底可继续冲泡，随着冲泡次数的增加，冲泡时间可逐渐延长，从1分钟逐渐增加至几分钟，这样每次泡出的茶汤浓淡会比较均匀。

1.准备好茶具和茶叶。（图1）

2.用茶锥顺着茶叶纹路，倾斜着将整块的茶撬取下来。（图2）

3.取适量茶叶放入盖碗。（图3）

4.将沸水冲入盖碗。（图4）

5.第一泡通常不喝，用来洗茶和温杯。（图5~7）

6.再次将沸水冲入盖碗内，1分钟后，将茶汤倒入公道杯，再依次倒入品茗杯。（图8~10）

◎品饮

饮普洱生茶时，要注意以下事项：

1.吃东西容易上火、便秘、长痘等属虚火体质的人可以喝普洱生茶，如果因不习惯普洱生茶的苦味而喝普洱熟茶，切记泡的时候要加点白菊花或蜂蜜调和一下，加点荷叶也可以。

2.普洱生茶和绿茶一样，性寒凉，胃寒、肠胃不好者不宜饮用。

3.瘦人也可以喝普洱茶，常饮能帮助消化吸收、增强体质。

如何分辨普洱熟茶和普洱生茶？

普洱熟茶是以云南大叶种晒青毛茶为原料，经渥堆、发酵等工艺加工而成的。而普洱生茶未经过渥堆、发酵处理，是以鲜叶为原料，经过杀青、揉捻、日光干燥等工艺制成的。

分辨普洱生茶和普洱熟茶时，可从以下角度观察和辨别：

指标	普洱生茶	普洱熟茶
干茶颜色	呈墨绿色	呈红褐色
汤色	绿黄透亮	红浓
香气	清纯持久	陈香
叶底	呈黄绿色，有弹性	呈红棕色，不柔韧

需要注意的是，保存普洱生茶和普洱熟茶时，应严禁将两者混合存放。这是因为：

1.普洱生茶和普洱熟茶的香气类型不同

普洱生茶和普洱熟茶都有随着储藏时间的变化香气发生改变的特点。普洱生茶多为毫香、荷香、清香、栗香，普洱熟茶多为参香、豆香、陈香、枣香、樟香。由于香气类型不同，如将普洱生茶和熟茶混合存放，香气物质必然会交叉吸附，相互掩盖，我们就难以获得纯正自然的香气了。

2.普洱生茶和普洱熟茶的叶底颜色不同

普洱生茶叶底的颜色会随储藏时间的延长而加深，依次呈现嫩绿→嫩黄→杏黄→暗黄→黄褐→红褐。而发酵程度较好的普洱熟茶，叶底颜色一般呈"猪肝色"，并随储藏时间的增加逐渐向暗褐色转化。如果将普洱生茶和熟茶混合存放，散落的茶叶就会混杂在一起，这样会影响所储藏茶叶的价值。

| 沱茶 |

沱茶是一种圆锥窝头状的紧压茶，主要的产地是云南。沱茶从表面上看像圆面包，从底下看像厚壁碗，中间往里凹，颇具特色。沱茶依原料不同有绿茶沱茶和黑茶沱茶之分。

云南沱茶依生产季节的不同，分为春茶、夏茶、秋茶三种。采下的茶叶经过炒青、揉捻、干燥三个步骤后蒸透，装入碗状模型中，用手按压，促使茶叶紧结成型。定型后进行烘焙，烘焙时必须以中温长烘，促其干燥，并使部分多酚类化合物氧化，从而增加甜味，减少苦涩味。沱茶外形紧结端正，色泽乌润，有白毫，叶底肥壮鲜嫩，汤色橙黄明亮，香气馥郁，滋味醇厚，喉味回甘。

冲泡时，将适量沱茶放入盖碗，把沸水沿盖碗边注入，然后盖上盖子出汤。一般来说，第一次冲泡仅泡几秒就要将茶汤倒掉，第二泡出汤差不多需要十几秒。随着冲泡次数的增加，出汤的时长也会逐渐增加。

| 湖南黑茶 |

湖南黑茶有"三尖""四砖""花卷"系列。"三尖"指湘尖一号、湘尖二号、湘尖三号，即天尖、贡尖、生尖，"湘尖茶"是湘尖一号、二号、三号的总称。"四砖"即黑砖、花砖、青砖和茯砖。"花卷"系列包括千两茶、百两茶、十两茶。

湖南黑茶在历史上有着重要的地位。概括地讲，一是历史悠久，二是产量甚巨，三是质量优良，四是品类丰富。唐代中期，随着茶叶生产的发展和消费的增加，茶叶贸易随之兴旺。太和年间（公元827年至835年），唐朝开始与塞外进行茶马交易。从江南到华北再到塞外，形成了巨大的茶叶市场。商人在湖南收购较多的为潭州茶、岳州茶、衡州茶。宋朝实行由政府专买专卖的"榷茶制"，由茶商向政府纳税领取引票，持引票至生产地收购，再运往北方销售。明朝继续实行由政府垄断的茶马政策，湖南安化生产的黑茶由商人运往西北，由官府统一经营。由于质好价廉，这种茶深受少数民族地区人民的青睐，于1595年正式被定为官茶。明末清初，安化黑茶逐渐占领西北边销茶市场，安化成为茶马交易主要的茶叶生产供应基地，这里生产的茶还运往山西、陕西及河北等省销售。清朝，随着茶叶饮用及内外销贸易日益兴盛，湖南产茶区域逐渐扩展到省内外大部分县城。

湖南黑茶因量多质好，一直很畅销，把持着西北茶销市场的重要位置。在发展过程中，虽然有一段时间受到两次大的战争的冲击，销量有所下滑，但因湖南黑茶所居的历史地位以及所发挥的作用，政府采取了一系列的改革措施，湖南黑茶的销量很快得以恢复。

◎储存

1.宜阴凉忌日晒。日晒会使茶品极速氧化，产生一些不好的化学成分。

2.宜通风忌密闭。黑茶切忌使用塑料袋密封，可使用牛皮纸等通透性较好的包装材料进行包装储存。

3.宜开阔忌异味。茶叶具有极强的吸附性，不能与有异味的东西混放在一起，宜放置在开阔而通风的环境中，或分区存放。

◎冲泡须知

冲泡湖南黑茶宜选择粗犷、大气的茶具，一般用厚壁紫陶壶或如意杯冲泡。公道杯和品茗杯则以透明玻璃杯为佳，以便于观赏汤色。也可以采用煮饮法，先用沸水润茶，再加冷水，然后一同煮沸，停火滤茶后，分而饮之。另外，冲泡湖南黑茶时还要注意以下两点：

1.泡茶时，不要搅拌茶水或压紧茶叶，这样会使茶水变得浑浊。

2.由于湖南黑茶的茶叶比较老，因此泡茶时一定要用100℃的沸水，才能将湖南黑茶的茶味完全泡出。

| 茯砖茶 |

茯砖茶属黑茶中的一个颇具特色的品种。明清时，茶农将湖南所产的黑毛茶踩压成90千克一块的篾篓大包，运往陕西泾阳筑制茯砖。茯砖早期被称为"湖茶"，因在伏天加工，故又称"伏茶"，因原料送到泾阳筑制，又称"泾阳砖"。

茯砖茶分特制和普通两个品种，它们之间的主要区别在于原料拼配方法不同。特制茯砖全部用三级黑毛茶作原料，而在制普通茯砖的原料中，三级黑毛茶只占到40%～45%，四级黑毛茶占5%～10%，其他茶占50%。

茯砖茶的压制要经过原料处理、蒸气沤堆、压制定型、发花干燥、成品包装等工序。茯砖特有的"发花"工序需要很多条件，其中最重要的是砖体要松紧适度，便于微生物的繁殖活动。茯砖从砖模退出后，为促使"发花"，不直接送进烘房烘干，而是先包好商标纸，再送进烘房烘干。茯砖茶砖面平整，金花普茂，色泽黑褐，叶底匀整，汤色为琥珀色，香气清而不粗，滋味醇和。

冲泡时，先用沸水温杯烫壶，将预先备好的茯砖茶投入壶中，投放量一般以茶叶与水之比为1:20为宜（可视茶原料及个人喜好增减茶量），先用沸水润茶，再注入冷泉水，煮至沸腾，将茶汤用过滤网沥入公道杯，再倒入品茗杯，即可品饮。

| 七子饼茶 |

七子饼茶又称圆茶，是云南省西双版纳傣族自治州勐海县勐海茶厂生产的一种传统名茶。七子饼茶也属于紧压茶，茶农将茶叶加工紧压成外形美观、酷似满月的圆饼茶，然后将每七块饼茶包装为一筒，此茶因而得名"七子饼茶"。

七子饼茶有生饼、熟饼之分。生饼是以云南大叶种晒青毛茶为原料直接蒸压而成；熟饼是以普洱茶压制而成，但在制作过程中，其选料搭配的要求与生饼的要求几近相同。恰当的嫩芽和展叶比例是保证七子饼茶品质的关键。七子饼茶外形紧结端正，色泽红褐油润，叶底鲜嫩平整，汤色红黄鲜亮，滋味清爽。

花茶

花茶又名香片，是利用茶善于吸收异味的特点，选用已加工茶坯作原料，加上适合食用并能够散发香味的鲜花为花料，采用特殊工艺制成的茶。花茶香味浓郁，茶汤色深，深得偏好重口味的北方人的喜爱。

花茶主要是将绿茶、红茶或者乌龙茶作为茶坯，加上能够吐香的鲜花制成的。根据所用香花品种的不同，花茶可分为茉莉花茶、玉兰花茶、珠兰花茶等，其中以茉莉花茶最为常见。

花茶宜清饮，不宜加奶、糖，以保持天然的香味。独饮时，宜用瓷制小茶壶或玻璃杯冲泡；待客时，则宜用较大茶壶中泡或煮三五分钟后饮用，可续泡一两次。

泡饮花茶，首先应欣赏花茶的外观形态。泡花茶时，先将茶叶放在洁净无味的白纸上，嗅干花茶香气，观察茶胚的形状和颜色，对花茶质量形成初步的印象。冲泡时，取花茶2~3克放入杯中。将沸水稍凉至90℃左右，然后将其冲入杯中，随即盖上杯盖，以防香气散失。可透过玻璃杯杯壁观察茶在水中上下沉浮以及茶叶徐徐展开、叶形复原、渗出茶汁汤色的过程，这个过程称为"目品"。冲泡3分钟后，揭开杯盖一侧，闻其香气，有兴趣者还可深呼吸，充分领略香气，这个过程称为"鼻品"。茶汤稍凉至适口时，小口喝入，将茶汤含在嘴里，使茶汤在舌面上往返流动一两次，充分与味蕾接触，品尝茶味和香气后再咽下。如此一两次，才能尝到名贵花茶的真香实味。

除鲜花和茶坯共制成的花茶外，我们习惯上把可与茶一样泡饮的植物茎、叶、花也叫作"茶"，如菊花茶、千日红茶等，这些茶通常具有一定的保健作用。

| 喝花茶的好处有哪些？ |

◎视觉、嗅觉与味觉的天然结合

冲泡花茶时，可以看见美丽的花朵与茶叶在热水中复苏、伸展开来的景象。根据水温的不同，有些花茶汤会展现不同的色彩。注入热水时，花茶所散发出的纯天然香气，更能使人身心舒畅。因此，饮用花茶可以说是视觉、嗅觉与味觉的综合享受。

◎花茶是接触自然的媒介之一

花茶芳香无比，集花草之精华，得香茗之灵动。喝花茶时，人会感到自然的力量，放松身心，疏解压力。对身处繁忙都市的人们而言，花茶不仅是一种饮品，人们还可借助它重回自然的怀抱。

◎调理身心

花草是大自然的产物，用它调理身体不会产生副作用，对身体健康十分有益。虽然花茶不像药物那样有立竿见影的效果，但是它能帮助我们获得身心的平衡与健康。每天饮一杯花草茶，无论是想要舒压解郁还是美颜纤体，长期坚持下去都会收获意外的惊喜。好的花茶可以冲很多次，不像茶叶不能久泡，也不像咖啡只能冲泡一次。即使喝不完一直泡着，也不用担心会渗出不好的成分。

| 茉莉花茶 |

◎佳茗简介

茉莉花茶是将茶叶和茉莉鲜花进行拼和、窨制，使茶叶吸收花香而制成的茶。茉莉花茶外形秀美，毫峰显露，香气浓郁持久，滋味鲜醇爽口，汤色黄绿明亮，叶底匀嫩晶绿，经久耐泡。

茉莉花茶的茉莉花香气是在加工过程中逐步产生的，所以成品茶中的茉莉干花起的仅仅是点缀、提鲜、美观的作用，有的品种中有此点缀，有的没有。有无干花点缀并不能作为判断花茶品质好坏的标准，判断茶叶好坏还是应该以茶叶本身的滋味为标准。优质的茉莉花茶具有干茶条索紧细匀整、色泽黄褐油润，冲泡后香气鲜灵持久、汤色黄绿明亮、叶底嫩匀柔软、滋味醇厚鲜爽的特点。

◎冲泡方法

冲泡茉莉花茶时，既要使香气充分挥发，又要注意防止茶香散开，因此，要用沸水冲泡，茶具应加盖。头泡应采用低注法，冲泡时，壶口紧靠茶杯，直接注于茶叶上，使香味缓缓浸出；二泡采用中斟法，壶口稍离杯口注入沸水，使茶水交融；三泡采用高冲法，壶口离茶杯口稍远冲入沸水，使茶叶翻滚，花香飘溢。一般冲水至八分满为止，冲后立即加盖，以保茶香。

| 桂花茶 |

◎佳茗简介

桂花为木樨科植物，在9～10月开花。从花的颜色上看，桂花有金桂、银桂和丹桂之分。从香气与食用价值来讲，银桂最好，数量也最多。桂花香气宜人，具有镇静止痛、通气健胃的作用。其花碎小，通常为黄色伴有褐色，单独冲泡，汤色为淡黄色，芳香怡人，微苦回甘。

桂花除可用于观赏以外，还是窨制花茶，提炼芳香油，制造糖果、糕点的上等原料。将茶叶用鲜桂花窨制后，既不失茶的原味，又带浓郁的桂花香气，饮后有通气和胃的作用，很适合胃功能较弱的老年人饮用。广西桂林的桂花烘青、福建安溪的桂花乌龙、重庆北碚的桂花红茶，均以桂花的馥郁芬芳衬托茶的醇厚，别具一格，是茶中珍品，深受国内外消费者的青睐。

◎冲泡方法

取4～6克桂花（可根据个人喜好调节投茶量），放入容量为300毫升左右的玻璃杯中，再加入沸水至八分满，浸泡10分钟，即可趁热饮用。由于桂花比较小，喝的时候可用过滤网滤一下再喝。饮用时可加糖或蜂蜜，或掺入自己喜欢的茶叶一起冲泡。推荐搭配法兰西玫瑰、胎菊、乌龙茶等。

金银花茶 |

◎佳茗简介

金银花又名忍冬，为忍冬科多年生半常绿缠绕木质藤本植物。金银花一名出自《本草纲目》，由于忍冬花初开为白色，后转为黄色，因此得名"金银花"。金银花自古被誉为清热解毒的良药，它性甘，清热而不伤胃，芳香透达又可祛邪。金银花既能宣散风热，又能清除血毒，用于治疗各种热性病（如身热、发疹、发斑、热毒疮痈、咽喉肿痛等症）均效果显著。

市面上的金银花茶有两种：一种是将鲜金银花与少量绿茶拼和，按花茶窨制工艺制成的；另一种是用烘干或晒干的金银花与绿茶拼和而成的。前者花香扑鼻，以品赏花香为主；后者香味较低，既有药效，也有保健效果。

金银花茶是老少皆宜的保健饮品，特别适宜夏天饮用。金银花外形上粗下细，略弯曲，呈金黄色，叶底舒展柔软，汤色黄绿明亮，香气清新浓郁，滋味平淡自然。

◎冲泡方法

每次取6～15克金银花茶（可根据自身情况调整投茶量），用100℃沸水冲泡3～5分钟，即可次用。

| 菊花茶 |

◎佳茗简介

菊花是我国十大名花之一，在全国各地几乎随处可见。其中湖北大别山麻城福田河的福白菊、浙江桐乡的杭白菊和黄山脚下的黄山贡菊（徽州贡菊）比较有名。除此之外，安徽亳州的亳菊、滁州的滁菊，四川中江的川菊，浙江德清的德菊，河南焦作的怀菊（四大怀药之一）都有很高的药用价值。特别是黄山贡菊，它生长在高山云雾之中，采黄山之灵气，汲皖南山水之精华，具有很高的饮用价值。

菊花为菊科多年生草本植物，是我国传统的常用中药材之一，主要以头状花序供药用。据古籍记载，菊花味甘苦，性微寒，有散风清热、清肝明目和解毒消炎等作用。菊花对口干、火旺、目涩，或由风、寒、湿引起的肢体疼痛、麻木等疾病均有一定的疗效。菊花茶主治感冒风热、头痛病等，对眩晕、耳鸣有防治作用。菊花茶外形为球状花蕾，呈明黄色，叶底舒展柔嫩，汤色黄绿明亮，清香浓郁，滋味清润爽口。

◎冲泡方法

泡饮菊花茶时，最好用透明的玻璃杯，每次放上四五朵，再用沸水冲泡2～3分钟即可。待水凉至70～80℃时，可看到茶水渐渐酿成微黄色。每次喝时，不要一次喝完，要留下1/3杯的茶水，再加水，泡上片刻再喝。冲泡时，也可在白菊花中加些茶叶，以起到调味的作用。

饮菊花茶时也可在茶杯中放入几块冰糖，热饮、冰饮皆可。

| 玫瑰花茶 |

◎佳茗简介

玫瑰花茶是用鲜玫瑰花和茶叶的芽尖按比例混合，利用现代高科技工艺窨制而成的高档茶，其香气有浓、淡之别，和而不猛。玫瑰花是一种珍贵的药材，能通经活络，软化血管，调和肝脾，理气和胃，对于心脑血管疾病、高血压、心脏病及妇科疾病有一定疗效。

玫瑰花蕾性温、味甘，有理气解郁、和血散瘀、消肿止痛、美容养颜的功效，能清暑热、解烦渴、醒脾胃及止血。玫瑰的芬芳来自它所含的约万分之三的挥发性成分，丰富鲜艳的色彩则来自其所含的红色素、黄色素等天然色素。此外，它还含槲皮甙、脂肪油、有机酸等具有美容功效的物质。在每年的5～6月，玫瑰花即将开放时，分批摘取它的鲜嫩花蕾，再经严格的消毒、灭菌、风干制成干玫瑰花，这样几乎可以完全保留玫瑰花的色、香、味。干玫瑰花外形为粉色，叶底洁白柔嫩，汤色为淡黄绿色，清香宜人，甘中微苦。

玫瑰花对妇女经痛、月经不调有神奇的功效。长期饮用玫瑰花茶，还能使人拥有清新体香，改善支肤干燥、苍白或敏感的状况，使肤色红润。

◎冲泡方法

将适量玫瑰花放入玻璃杯，加入85℃沸腾过的水，浸泡5分钟后即可饮用。搭配牛奶、柠檬片味道更佳。

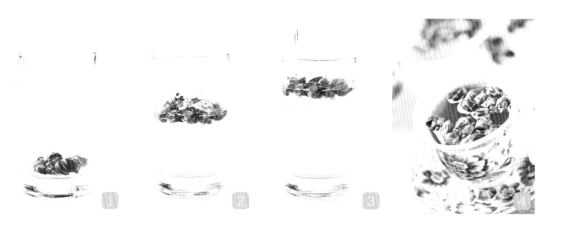

| 千日红茶 |

◎佳茗简介

千日红又名百日红、千日草，为一年生直立草本植物，高20～60厘米。全株披白色硬毛，叶对生，一般为长圆形，也有很少的一部分为椭圆形，长5～10厘米，顶端钝，基部渐狭，叶柄短。千日红于夏秋间绽放，花呈紫红色，排成顶生、长1.5～3厘米的圆球形或椭圆形头状花序；苞片和小苞片呈紫红色、粉红色、乳白色或白色，小苞片长约7毫米。其外形粉红光滑，呈娇艳的淡粉色，叶底洁白柔嫩，清香宜人，味淡微甜。

花若可红千日，那真是造物主额外的恩赐。大多数的花开时虽千娇百媚、艳丽多姿，可是往往花开不足百日就会凋谢，能够常开不败的花一定是得到了许多祝福的，比如千日红。所以，人们认为它象征着永恒的爱、不朽的恋情。

千日红是天生的干燥花，也是风味绝佳的花草茶。颜色鲜艳的千日红在热水中要经过长时间浸泡，色泽才会逐渐变浅。花苞的艳丽色彩会慢慢析出，使茶水变成令人赏心悦目的嫩粉色。

◎冲泡方法

将适量千日红放入玻璃杯，加入85℃的沸水，泡5分钟后即可饮用。

勿忘我茶

◎佳茗简介

勿忘我又名勿忘草，是紫草科勿忘草属的植物。它主要分布于欧洲各国以及伊朗、巴基斯坦、印度等国，我国江苏、四川、云南等省以及东北、西北、华北等地也有。勿忘我生长于海拔200~400米的地区，多生于山地林缘、山坡以及山谷草地。

勿忘我的名字源于德文Vergissmeinnicht，是"不要忘了我"的意思。勿忘我的名称还与一个悲剧性的恋爱故事有关。相传一位德国骑士与他的恋人漫步在多瑙河畔，偶然瞥见河畔绽放着蓝色的小花。骑士不顾生命危险探身摘花，不料却失足掉入急流中。自知无法获救的骑士说了一句"Don't forget me!（不要忘了我）"，便把那朵蓝色的花扔向恋人，随即消失在水中。此后骑士的恋人日夜将蓝色小花佩戴在发际，以显示对爱人的忠贞与思念。而那朵蓝色花朵便因此被称作"勿忘我"，其花语便是"不要忘记我""真实的爱""真爱"。

勿忘我外形小巧秀丽，浅紫带黄，叶底舒展软滑，汤色清爽柔亮，清香宜人，入口芳香。

◎冲泡方法

将适量干燥的勿忘我用沸水冲泡，闷约10分钟后即可饮用。饮用时可酌加红糖或蜂蜜。

| 玫瑰茄茶 |

◎佳茗简介

玫瑰茄又名洛神花、洛神葵、山茄等，是锦葵科木槿属的一年生草本植物，广泛分布于热带和亚热带地区。玫瑰茄原产于西非、印度，目前在我国的广东、广西壮族自治区、福建、云南、台湾等地均有栽培。玫瑰茄植株高1.5～2米，茎呈淡紫色，直立，主干多分枝，叶互生。洛神花在夏秋间开放，花期长，花萼呈杯状，为紫红色，花冠呈黄色。每当开花季节，花枝红、绿、黄相间，十分漂亮，有"植物红宝石"的美誉。

玫瑰茄的花萼肥厚多汁，并可提取天然食用色素，同时还可入药，其味酸、性寒，具有清热解暑、利尿降压、养颜消斑、解毒解酒等功效。现代研究表明：玫瑰茄含有类黄酮素、原儿茶酸、花青素、异黄酮素、氨基酸、维生素、糖类、有机酸、无机盐等化学成分，能降低胆固醇和甘油三酯，抑制低密度脂蛋白的氧化，抑制血小板的凝集，减少血栓的形成，减少动脉粥状硬化，还可有效地预防心血管疾病的发生。此外玫瑰茄还有保肝、抗癌的作用。所以，玫瑰茄是一种很好的天然保健药物。

◎冲泡方法

取玫瑰茄3～5克，用温开水冲泡，然后加入适量的冰糖或蜂蜜，代茶饮。长期饮用，有助于降低人体血液中的总胆固醇和甘油三酯水平，达到防治心血管疾病和减肥的功效。

罗布麻茶

◎佳茗简介

罗布麻属野生多年生宿根草本植物，因在新疆尉犁县罗布平原生长极盛而得名。罗布麻在全国各地均有分布，主产于新疆维吾尔自治区、青海、甘肃、宁夏回族自治区、山东等省区。

好的罗布麻茶外形卷曲，结构紧密，颜色呈绿色，而且色泽一致。劣质罗布麻茶由于加工简单，只是随便晾晒、烘干，因此茶叶外形松散。再就是劣质产品的表面上有白色的小点，出现这些小点的主要原因是加工过程中没有经过去碱处理，它们会对人的口腔和肠胃造成伤害。

◎冲泡方法

取适量的罗布麻茶放入茶杯，用沸水冲泡就可以饮用。要注意的是一定要用沸水冲泡，因为罗布麻叶表皮结构紧实、严密，需用沸水冲泡才能浸泡出滋味。此外，罗布麻茶非常耐泡，可冲泡3～5次，待茶汤无色无味后再换新茶，以免造成不必要的浪费。高血压、高血脂患者用其泡水时每次最好放15克以上。

| 苦丁茶 |

◎佳茗简介

苦丁茶是中国传统的纯天然保健饮料佳品，来源于冬青科植物大叶冬青的叶。苦丁茶生长于山坡、竹林、灌木丛中，分布于长江下游各省及福建省。

苦丁茶俗称茶丁、富丁茶、皋卢茶。苦丁茶中含有苦丁皂苷、氨基酸、维生素C、多酚类物质、咖啡因等200多种成分。其成品茶有清香，滋味略苦，具有清热消暑、明目益智、生津止渴、利尿强心、润喉止咳、降压减肥、抑癌防癌、抗衰老、活血脉等多种功效，素有保健茶、美容茶、减肥茶、降压茶、益寿茶等美称。

◎冲泡方法

冲饮苦丁茶的要点一是水要开，二是水质要好，最好是使用矿泉水、泉水或纯净水冲泡。茶量不宜太多，因为苦丁茶有量少味浓、耐冲泡的特点。

第四章

茶事
与
茶俗

CHAPTER 4

坐酌冷冷水，看煎瑟瑟尘。

无由持一碗，寄与爱茶人。

——唐·白居易

龙井村十八棵御茶树的传说

　　传说乾隆皇帝下江南时，微服来到杭州龙井村狮峰山下。一日，乾隆皇帝在胡公庙老和尚的陪同下游山观景，忽见几个村女正喜洋洋地从庙前十八棵茶树上采摘新芽，心中一乐，就快步走入茶园，学着采起茶来。刚采了一会儿，忽然太监来报："皇上，太后有恙，请皇上速速回京。"乾隆一听太后有恙，十分着急，将手中茶芽向袋内一放，随即日夜兼程返京，回到宫中向太后请安。其实，太后并无大碍，只是一时肝火上升，双眼红肿，胃中不适。忽见皇儿到来，太后心情好转，又觉一股清香扑面而至，忙问道："皇儿从杭州回来，带来了什么好东西，这样清香？"乾隆皇帝也觉得奇怪，匆忙而归，未带什么东西，哪来的清香呢？仔细一闻，确有一股馥郁清香来自袋中。他随手一摸，原来是在杭州龙井村胡公庙前采来的一把茶叶，虽然已经干燥，却散发出浓郁的香气。

　　太后想品尝一下这种茶叶的味道，于是命宫女将茶泡好奉上，茶汤果然清香扑鼻，太后饮后满口生津，神清气爽。三杯之后，眼肿消散，肠胃舒适。太后乐坏了，称这种茶是灵丹妙药。乾隆皇帝见太后这么高兴，也乐得哈哈大笑，忙传旨下去，将杭州龙井村狮峰山下胡公庙前自己亲手采摘过茶叶的十八棵茶树封为御茶树，每年专门采摘制成茶，进贡给太后。从此，龙井茶的名气越来越大。十八棵御茶树虽经多次换种改植，但这块"御茶园"一直保留至今，还成为一个旅游景点。

龙井虾仁的传说

据传，龙井虾仁这道名菜也与乾隆皇帝下江南有关。一日，乾隆身着便衣在西湖游玩，忽然下起了小雨，乾隆只得就近到一个茶农家中避雨。茶农热情好客，为他奉上香醇味鲜的龙井茶。乾隆品尝到如此好茶，喜出望外，便向茶农讨了一包茶叶带在身上。

雨过天晴之后，乾隆辞别了茶农，继续游览西湖。雨后的西湖分外美丽，乾隆流连于美景，直到黄昏时分才来到一家小酒馆用膳。他点了几个小菜，其中有一道是清炒虾仁。点好菜后，乾隆口渴，想起口袋里的龙井茶，便撩起便服取茶给店小二。店小二看到龙袍一角，吓了一跳，拿了茶叶急忙奔进厨房。正在炒虾仁的厨师听说皇帝到了，惊慌之中把小二拿的茶叶当作葱花撒进了虾仁里，店小二又在慌乱之中将"茶叶炒虾仁"端给乾隆。乾隆看到此菜虾仁洁白鲜嫩，茶叶碧绿清香，胃口大开，尝了一口，更觉清香可口，连连称赞："好菜！好菜！"从此以后，这道慌乱之中炒出来的龙井虾仁就成为杭州名菜。

相传很早以前，西洞庭山上住着一位美丽、勤劳、善良的姑娘，名叫碧螺。碧螺姑娘喜欢唱歌，有一副清亮圆润的嗓子，歌声像甘泉直泻。这歌声打动了隔水相望的东洞庭山上的一个名叫阿祥的小伙子。阿祥长得魁梧壮实，武艺高强，以打鱼为生，为人正直，又乐于助人，方圆数十里的人们常常夸赞他。碧螺常在湖边结网唱歌，阿祥总在湖中撑船打鱼，两人虽不曾倾吐爱慕之情，但心里早已深深相爱，乡亲们也很喜欢这两个人，因为他们给大家带来了很多幸福和欢乐。

有一年初春，灾难突然降临太湖。湖中出现了一条残暴的恶龙，恶龙四处兴风作浪，搞得太湖人民日夜不得安宁，还扬言要碧螺姑娘做自己的"太湖夫人"。阿祥决心与恶龙决一死战，保护乡亲们的生命安全，也保护心爱的碧螺姑娘。

在一个没有月亮的晚上，阿祥操起一把大鱼叉，悄悄潜到西洞庭山，只见恶龙行凶作恶之后正在休息。阿祥乘其不备猛窜上前，用尽全身力气，用手中鱼叉直刺恶龙脊背。于是一场恶战开始了，双方斗了七天七夜，阿祥的鱼叉才刺进了恶龙的咽喉。恶龙的爪子再也抬不起来了，而阿祥也身负重伤，跌倒在血泊中昏了过去。

乡亲们怀着感激和崇敬的心情，把阿祥抬了回来，碧螺姑娘看着受伤的阿祥，心如刀绞。为了报答阿祥的救命之恩，她要求把阿祥抬进自己家中，由她亲自照料。阿祥的伤势一天天恶化，碧螺姑娘焦急万分，在乡亲们的帮助下，她访医求药，仍不见效。一天，她找草药时来到了阿祥与恶龙搏斗过的地方，忽然看到有一棵小茶树长得特别好，心想：这可是阿祥和恶龙搏斗的见证，应该把它培育好。于是她就给这棵小茶树施了些肥，培了些土。以后，她每天都跑去照料茶树。惊蛰刚过，树上就长出很多芽苞。天气冷时，碧螺怕芽苞冻着，就用嘴含住芽苞。至清明前后，芽苞初放，伸出了第一片、第二片嫩叶。

姑娘采摘了一把嫩梢，揣在怀里，回家后泡了杯茶端给阿祥。说来也奇怪，阿祥闻了茶香后精神大振，一口气就把茶汤喝光了。香喷喷、热腾腾的茶汤好像渗透进了他身上的每一个毛孔，他感到说不出的舒服。如此接连数日，阿祥居然一天天好起来了。终于有一天，阿祥坐起来了，拉姑娘的手倾诉自己的爱慕和感激之情，姑娘羞答答地也诉说了自己对阿祥的心意。就在两人陶醉在爱情之中时，碧螺的身体却日渐憔悴。直到有一天，她倒在阿祥怀里，带着甜蜜幸福的微笑永远地闭上了眼睛。阿祥悲痛欲绝，把碧螺埋在洞庭山的茶树旁。从此，他努力培育茶树，采茶制茶。"从来佳茗似佳人"，为了纪念碧螺姑娘，人们就把这种名贵的茶叶取名为"碧螺春"。

黄山毛峰的前称为何叫雪岭青？

　　黄山毛峰曾经叫歙岭青。据说当年朱元璋起义后，曾一度转战徽州，屯兵于歙县万岁岭一带。在此期间，有人给他献上了歙县的名茶"歙岭青"。歙岭青形状美观，芳香如兰，滋味极佳，朱元璋一喝便连口称赞："雪岭青，好茶，好名。"在歙县的方言中"歙"与"雪"同音，因此朱元璋误把"歙岭青"听成"雪岭青"，从此，歙岭青也被叫作雪岭青。

　　后来，朱元璋建立了明朝。一日，他经过国子监的时候见到有厨子送贡茶入宫，就命人冲泡然后品尝。喝完之后，他问厨子这是不是徽州的雪岭青，厨子说是。原来这个厨子就是当年朱元璋转战徽州歙县时入伍的，所以知道朱元璋对雪岭青的喜爱。

　　朱元璋得知厨子算是与自己共患难过，而且记得自己的喜好，感慨万千，于是赏赐他不少金银珠宝，还封他为大明茶事。

　　国子监的一个贡生得知了此事，吟诗道："十载寒窗下，何如一碗茶。"朱元璋听说之后对他说："他才不如你，你命不如他。"从此，雪岭青的名头更响。

松萝茶的传说

安徽省休宁县有一座山，名叫松萝山，山上产的茶颇为有名，叫松萝茶。松萝茶不仅香高味浓，而且能够治病，至今北京、天津、济南一带的老中医开方时还常用到松萝茶。松萝茶主治高血压、顽疮，还可化食通便。

传说明太祖洪武年间，松萝山上的让福寺门口有两口大水缸，这引起了一位香客的注意。因年代久远，水缸里面长满了绿萍。香客来到庙堂对老方丈说，那两口水缸是个宝，要出三百两黄金购买，商定三日后来取。香客走后，老和尚怕水缸被偷，立即派人把水缸里漂浮着绿萍的水倒出，将水缸洗净然后搬到庙内。三日后香客来了，见水缸被洗净了，便说水缸的宝气已去，没有用了。老和尚极为懊悔，但为时已晚。香客走出庙门后又转了回来，说宝气还在庙前，那倒绿水的地方便是，若在那里种上茶树，定能长出神奇的茶叶来，这种茶三盏能解千杯醉。老和尚照此指点在那里种上茶树，茶树发出的茶芽果然清香扑鼻，老和尚便为此茶起名"松萝茶"。

200年后，到了明神宗时，休宁一带遭遇瘟疫，人们纷纷来让福寺烧香拜佛，祈求菩萨保佑。方丈便给来者每人一包松萝茶，并面授"普济方"：病轻者，将此茶用沸水冲泡，频饮，两三日即愈；病重者，将此茶与生姜、食盐、粳米一起炒至焦黄后煮服，或研碎吞服，两三日也可痊愈。果然，此茶效果显著，制止了瘟疫流行。从此松萝茶成了灵丹妙药，蜚声天下。

白鹤茶的传说

君山银针原名白鹤茶。据传初唐时，有一位名叫白鹤真人的道士从海外仙山归来，将随身带的八株神仙赐予的茶苗种在了君山岛上。后来，他修建了巍峨壮观的白鹤寺，又挖了一口白鹤井。白鹤真人取白鹤井水冲泡仙茶，只见杯中一股白气袅袅上升，一只白鹤从中冲天而起，此茶由此得名"白鹤茶"。又因为此茶颜色金黄，形似黄雀的翎毛，所以又名"黄翎毛"。后来，此茶传到长安，深得天子喜爱，天子遂将白鹤茶与白鹤井水定为贡品。

有一年，载着白鹤茶和白鹤井水的船过长江时，由于风浪颠簸，船上的白鹤井水洒了。押船的州官吓得面如土色，情急之下只好取江水代替。白鹤茶运到长安后，皇帝命人泡了一杯茶，只见茶叶上下浮沉而不见白鹤冲天，心中纳闷，随口说道："白鹤居然死了！"岂料金口一开即成真，从此白鹤井的井水就枯竭了，白鹤真人也不知所踪。白鹤茶却流传下来，便是今天的君山银针茶。

信阳毛尖的传说

传说信阳毛尖原来叫口唇茶。口唇茶原是九天仙女所种。有一年，信阳的一座山中虫害成灾，一只神鸡突然降落山上，将害虫吃了个干净，并且在山上住了下来，从此天天为山上的村民报晓。村民们为了感谢这只神鸡，就把这座山命名为"鸡公山"。

没有了害虫的鸡公山草木开始复苏，逐渐变得鸟语花香，成为人间仙境。连瑶池的仙女也听闻了这里的美丽，便请王母允许她们到鸡公山游玩。王母就让仙女们轮流下凡，到人间游玩三天。首批下凡的是九位看管茶园的仙女。

天上一天，人间就是一年。九位仙女到了鸡公山住下，观览尽了奇峰怪石、名花异草，时间却只过了一年。于是九人商量，在剩下的两年里为鸡公山做些事情，留作纪念。大姐说："鸡公山风景秀丽，物产丰富，可还是有些美中不足。"大家一听都赶紧问："有什么不足？"大姐说："什么都有，就是没有茶树。倒不如我们九姐妹变身成画眉鸟，回去从仙茶园衔来一些茶籽种上。"大家觉得，这主意是不错，但是茶籽弄来了，让谁种呢？大姐笑着用手一指山脚下竹林中的几间茅草屋，大家就都明白了。

茅草屋的主人叫吴大贵，爹娘过世了，就剩下他一人。他白天种地，晚上读书，正准备去参加科考，日子过得寂寞清苦，惹人生怜。有天晚上，他梦见鸡公山上走下来一位仙女，对他说："鸡公山土地肥沃，气候湿润，适合种茶。你在门口的竹子上系一个篮子，从明天起将会有九只画眉鸟从仙茶园衔来茶籽放到里面，等到春天的时候，你就拿去种上。炒茶时我们自然会来帮你。"吴大贵醒来后，反复回忆梦境，大喜过望，于是按照仙女说的，一大早就在门前的竹子上系了一个篮子。三天之后，他收到了九千九百九十九颗茶籽。

春天时，吴大贵把茶籽种下，清明之后茶籽就发芽了，在春雨的滋润下，鸡公山上很快就有了一片茶林。仙女又给吴大贵托梦让他准备炒茶的大锅。吴大贵按照仙女的吩咐把锅准备好之后，就来到茶林巡视，结果看到九位仙女正在采茶，并且她们不是用手，而是用娇艳红润的玉口一张一合地采下一个个鲜嫩的茶芽。

采完了茶叶，大姐又带着众姐妹去帮吴大贵炒茶。大姐劈了一根竹子做成竹铲，让吴大贵用在锅里搅拌，自己则坐到灶台后帮着烧火。所以后来炒茶都由男子掌锅，女子烧火。

仙女们一直帮吴大贵采茶制茶，一直到谷雨时节才离开。吴大贵泡上一杯新茶，刚把开水加进去，就见九位仙女出现在雾气中，一个接一个地向空中飘去。他再端起茶杯一品尝，只觉芳香四溢，神清气爽。好茶自然得起个好名，吴大贵想起茶是仙女们用嘴采摘下来的，于是就将其命名为"口唇茶"。

口唇茶的故事一传开，义阳的知州就马上派人来要茶。知州品尝之后惊为仙品，随即把此茶

进献给皇上。当时的皇帝是李隆基，一杯茶下肚，他忍不住拍案叫绝，得知了口唇茶的来历后龙颜大悦，将此茶赐给了他的宠妃杨贵妃。杨贵妃喝了一口，只觉得神清气爽，原本的疲乏消失殆尽。李隆基更是高兴不已，下旨要在鸡公山上建一座千佛塔，感谢神灵，还规定口唇茶从此作为朝廷贡品，年年进贡，民间不得饮用。他赐给吴大贵千两黄金，让其好好种茶。义阳的知州也被加封升官。

　　吴大贵一时间变成了鸡公山的首富，他买田置地，和官府也有了交往，渐渐地开始迷失本性、欺压乡邻。因为他尚未娶亲，很多贪慕富贵的人都纷纷想要攀亲。但是吴大贵心中早就对九位仙女起了爱慕之意，又怎么会看上这些凡人呢。他心里时时刻刻想的是等到来年采茶时节，仙女们再来给他帮忙的时候，就独占九位仙女。

　　很快就到了第二年的清明，吴大贵把和九位仙女成亲的事情安排妥当了，天天就等着仙女们来给他采茶。果然，在茶叶适合采摘的时候，九位仙女又来了，吴大贵就对她们说："谢谢九位姐妹让我发财致富，如今采茶的事情我已经雇了人来办，也不用劳烦几位了。我对几位早有爱慕之心，如今已把成婚事宜都安排妥当，还望诸位姐妹成全我的一片真心。"

　　九位仙女离开瑶池时，王母便再三警告，让她们不得起思凡念头。九人自然没有答应吴大贵，于是转身离去。

　　神鸡得知了此事，对吴大贵的所作所为十分愤怒，就飞到吴大贵的院子的上空，扇动双翅把院子点着了，然后飞到茶林，伸出巨爪挖了三条深沟，毁掉了九千九百九十七棵茶树，只留了长在深沟边的悬崖上的两棵。

　　奉命去鸡公山建佛塔的监工在离鸡公山不远的车云山下得知吴大贵死于火海，口唇茶也毁坏殆尽的消息，就回去向皇上禀告。经此一事，虽然千佛塔没有建成，但是长在车云山悬崖上的两棵茶对日渐长成，后来就代替口唇茶成为贡品，也就是有名的"义阳土贡茶"。

铁观音名字的由来

　　关于铁观音名字的由来，一直都有争议。近年来，安溪西坪镇松岩与尧阳两村还为此产生了激烈的争论。一种说法是魏荫梦见观音托梦，于是取名"铁观音"；另一种说法是王士让发现以及进贡此茶，由皇帝赐名。

　　第一种说法是，西坪松岩村的魏荫铁观音茶是传统的铁观音茶，松岩是铁观音最早的产地。相传，一个叫魏荫的茶农十分信奉佛教，家里供奉着观音，每天出门之前都会给观音奉上一杯清茶，寒来暑往从未间断。有一天晚上，他在梦中见到了一棵从未见过的茶树。第二天醒来，他怀着好奇心，凭着模糊的记忆找到了梦境中的地方，果真在那里的石缝中见到了梦中的茶树，于是将其移植到家中细心培育起来。因为是观音托梦所得，所以取名为铁观音。

　　第二种传说是，清朝时安溪尧阳南岩山仕人王士让修建了一间屋子，取名为"南轩"。每到傍晚，他都会漫步到南轩旁边欣赏美景。有一天，他偶然发现在乱石中长有几株与众不同的茶树，心中好奇，于是将其移植到了自己的院中。春天的时候，茶树发出新芽，散发出浓郁的香气。王士让便采摘下新芽制成茶叶，冲泡后品尝，发现味道鲜爽幽香，于是对此茶甚是珍爱。乾隆六年的时候，王士让应召进京，就带了一包茶叶送给礼部侍郎方苞。方苞见此茶人间少有，便进献给了皇上。乾隆饮后，赞不绝口，便问茶的来历。听闻此茶还没有名字，见其乌润结实，沉重似铁，味香形美，犹如观音，遂赐名"铁观音"。

祁门红茶的创始人

祁门红茶不仅是中国十大名茶之一，更是世界三大高香名茶之一，深受外国友人喜爱，也被称为"祁门香""王子香""群芳最"。

胡元龙，字仰儒，祁门南乡贵溪人，祁门红茶的创始人之一。他通史书兼武略，年方弱冠便以文武之才闻名，被朝廷授予世袭把总一职。但他生性淡泊，不重功名，而重视工农生产。18岁时，他辞官前往贵溪村的李村坞，栽四株桂树，筑五间土房，取名"培桂山房"，开始在此垦山种茶。

在此之前，祁门不产红茶，只产安茶、青茶等，销路并不好。1875年，胡元龙开始在培桂山房筹建茶厂，并请了宁州师傅舒基立按工夫茶的方法试制红茶。经过不断地研制改进，直到1883年，红茶才研制成功，胡元龙也因此成为祁门红茶的鼻祖之一。

胡元龙本人乐善好施，公正廉洁，在当地很有威望。当时祁门偏远，教育更是落后，于是他自己出资在平里镇创立梅南学校，开创了祁门办新学的先河。为了改善农民的生存条件，他又投资开荒种地，鼓励农民发展农业生产。在他的带领下，贵溪村人的收入得到增加，生活得到改善，祁门其他地方的人也受到影响，积极开辟荒山，发展种植业。

胡元龙一生正气，不慕名利。他对子孙们说："书可读，官可不做。"他还在大厅里写了一副对联："做一等人忠臣孝子，为两件事读书耕田。"

藏族人爱喝哪种茶？

"千里不同风，百里不同俗。"我国是一个多民族国家，由于所处地理环境、历史文化、风俗和生活习惯的差异，每个民族的饮茶风俗各不相同。即使是同一民族，在不同地域，饮茶习俗也可能有所不同，但是把茶看作健康的饮品、把饮茶看作友谊的桥梁这一点是共通的。

比如说，汉族人招待客人时喜欢请客人喝茶，而敬酥油茶也是藏族人民款待宾客的传统礼仪。酥油茶各有制法，常见的有先煮后熬，然后在茶汤中加入酥油等作料，或将茶用水熬成浓汁后倒入茶桶，再加酥油和食盐，然后抽打茶桶，使油茶交融，最后倒入锅里加热制成酥油茶。

"其腥肉之食，非茶不消；青稞之热，非茶不解。"酥油茶有驱寒、去腻、充饥、解乏、使头脑清醒、缓解高原反应等功效，可以说酥油茶是藏族人民日常生活必不可少的一种饮品，也是他们待客、祭祀时不可或缺的用品，极具民族特色和文化内涵。

南疆维吾尔族人爱喝哪种茶?

南疆维吾尔族人喜欢喝香茶。香茶是一种将茶放入长颈茶壶，煮开后再加入各种香料搅拌而成的茶。

南疆维吾尔族人认为香茶有养胃提神的作用，是一种营养价值极高的茶。他们习惯于在吃早、中、晚三餐时饮用此茶，通常是一边吃馕，一边喝茶。与其说他们把香茶看作一种解渴的饮料，还不如说他们把它看作一种佐食的汤料，实际上就是一种以茶代汤、用茶佐菜之举。

蒙古族人爱喝什么茶?

喝咸奶茶是蒙古族人的传统饮茶习俗。在牧区，人们往往是"一日一顿饭"，却习惯于"一日三餐茶"。每日清晨，主妇要做的第一件事就是先煮一锅咸奶茶，供全家人整天享用。

蒙古族人喜欢喝热茶，早上，他们一边喝茶，一边吃炒米，然后将剩余的茶放在微火上暖着，以便随时取饮。通常一家人只在晚上放牧回家后才正式用餐，但早、中、晚喝三次咸奶茶一般是不可缺少的。

油茶是什么？

　　居住在云南、贵州、湖南、广西壮族自治区等地的少数民族人民十分好客，不同的少数民族之间虽习俗有别，但都喜欢喝油茶。

　　当地将做油茶称为打油茶。打油茶一般有以下程序。第一道程序是选茶，通常有两种茶可供选用，一是经专门烘炒的末茶，二是刚从茶树上采下的幼嫩梢，具体选择哪一种，可根据各人口味而定。第二道程序是选料，打油茶的用料通常有花生米、玉米花、黄豆、芝麻、糯粑、笋干等，应预先制作好备用。第三步是煮茶，先生火，待锅底发热，放适量油入锅，待油面冒青烟时，立即投入适量茶叶翻炒。当茶叶散发清香时，加上少许芝麻、盐，再炒几下，就倒水加盖，煮沸3～5分钟，即可将油茶连汤带料起锅，盛入碗中。一般家庭自喝，这又香、又爽、又鲜的油茶已算打好了。如果打的油茶是用于庆典或宴请的，那么，还得进行第四道程序，即配茶。配茶就是将事先准备好的食料先行炒熟，取出放入茶碗中备好，然后将茶汤中的茶渣捞出，再将茶汤趁热倒入备有食料的茶碗中。最后是奉茶，一般当主妇快要把油茶打好时，主人就会招待客人围桌入座。由于油茶中加有许多食料，喝油茶还得用到筷子，因此与其说是喝油茶，还不如说是吃油茶更为贴切。

北京大碗茶是什么？

相信很多人都听过《前门情思大碗茶》这首歌。"吃一串儿冰糖葫芦就算过节，他一日那三餐，窝头咸菜么就着一口大碗儿茶。世上的饮料有千百种，也许它最廉价，可谁知道，谁知道，谁知道它醇厚的香味儿，饱含着泪花。"一曲京味儿十足的戏歌唱出了海外游子对故乡的强烈情感，其中提到的大碗茶正是中国特色茶文化之一。

喝大碗茶的习俗在北方地区随处可见，特别是在大道两旁、车船码头，甚至在车间、工地、田间都屡见不鲜。卖茶人支起一个简易的茶摊，摆上简陋的桌椅，用大碗卖茶，供过往客人就地饮用。尤其是在北京前门大街等地，这样的茶摊更是随处可见。

大碗茶价格便宜，量大实惠，茶摊摆设随意，对茶叶、茶具等都不甚讲究，具有大众化和平民化的特点。最初人们喝大碗茶就是以喝得多、喝得快、解渴为目的，这也是一种独具地域特色的茶文化。即便是在生活条件日益提高的今天，大碗茶仍然不失为一种重要的饮茶方式。

第五章

茶与
健康

CHAPTER 5

茶叶中含有500多种对人体有用的成分，它们对防病、治病有着重要的意义。茶疗作为一种养生保健、防病疗疾的治疗方法，一直深受人们的喜爱。

茶叶中含有咖啡因、维生素、氨基酸、茶多酚、生物碱、茶多糖、芳香类物质等几百种成分。其中，游离氨基酸有20多种。氨基酸的含量决定了茶的口感，氨基酸含量较高的茶叶，其茶汤的香味和鲜味比含量低的茶叶浓郁。茶中还含有钙、磷、铁、锰、锌、硒、铜、锗、镁等多种矿物质。茶叶中的这些成分对人体是很有益的。有很好的保健功效。

| 有助于延缓衰老 |

按照自由基学说的理论，人体衰老的原因是组织中自由基含量的改变，这种改变使细胞功能遭到破坏，从而加速机体的衰老进程。研究表明，过氧化脂质在体内的增加与机体衰老进程是一致的，当体内自由基呈过剩状态时，机体就会逐渐衰老。茶多酚具有很强的抗氧化性，是人体自由基的清除剂。茶多酚还有阻断脂质过氧化反应、清除活性酶的作用。研究表明，茶多酚的抗氧化性明显优于维生素E，且对维生素C、维生素E有增效效应。

| 有助于抑制心血管疾病 |

茶多酚对促进人体脂肪代谢有着重要作用。人体的胆固醇、三酰甘油等含量增高，血管内壁脂肪沉积，血管平滑肌细胞增生容易导致动脉粥样硬化等心血管疾病。茶多酚（尤其是茶多酚中的儿茶素ECG和EGC及其氧化产物茶黄素等）有助于抑制这种斑状增生，使导致血凝黏度增加的纤维蛋白原水平降低，从而抑制动脉粥样硬化。

| 有助于预防和辅助治疗癌症 |

茶多酚可以阻断亚硝酸胺等多种致癌物质在体内合成，并具有直接杀伤癌细胞和提高机体免疫能力的功效。有关资料显示，茶叶中的茶多酚（主要是儿茶素类化合物）对胃癌、肠癌等多种癌症的预防和辅助治疗均有裨益。

| 有助于预防和治疗辐射伤害 |

茶多酚及其氧化产物具有抵抗放射性物质伤害的能力。医疗部门的临床实验证实，针对肿瘤患者由接受放射治疗引起的轻度放射病，用茶叶提取物进行治疗，有效率在90%以上；针对血细胞洞

少症，用茶叶提取物治疗，有效率达81.7％；针对由辐射引起的白细胞减少症，用茶叶提取物治疗效果更好。

| 有助于抑制和抵抗病毒病菌 |

茶多酚有较强的收敛作用，对病原菌、病毒有明显的抑制和杀灭作用，对消炎止泻有明显效果。我国有不少医疗单位采用茶叶制剂治疗急性和慢性痢疾、阿米巴痢疾、流感，治愈率在90％左右。

| 有助于美容护肤 |

茶多酚是水溶性物质，用它洗脸能清除面部的油脂，收敛毛孔，还具有消毒、灭菌、抗皮肤老化、减少日光中的紫外线对皮肤的损伤等功效。

| 有助于提神醒脑 |

茶叶中的咖啡因能促使人体中枢神经兴奋，有提神益思、清心醒脑的功效。

| 有助于利尿解乏 |

茶叶中的咖啡因可刺激肾脏，促使尿液迅速排出体外，提高肾脏的滤出率，减少有害物质在肾脏中滞留的时间。咖啡因还有助于人体尽快消除疲劳。

| 有助于减脂 |

唐代《本草拾遗》中论及茶的功效有"久食令人瘦"的记载。茶叶有助消化和减脂的重要功效，通俗地讲，就是有助于减肥。这是由于茶叶中的咖啡因能提高胃液的分泌量，可以帮助消化，增强分解脂肪的能力，有预防和抑制肥胖的功效。

日本人特别喜欢中国的乌龙茶，因为乌龙茶有较强的分解脂肪的作用，可以消除油腻，帮助消化。有研究证实，常饮云南产的普洱茶，可降低人体中甘油三酯和胆固醇的含量。法国妇女（特别是女青年）很讲究形体美，她们把普洱茶称为"减肥茶"。

| 有助于护齿明目 |

茶叶含氟量较高，每100克干茶中氟的含量为10～15毫克，且80％为水溶性成分。若每人每天饮茶水500克，则可吸收水溶性氟1～1.5毫克。而且茶水是碱性饮料，喝茶水可抑制人体钙质的流失，对预防龋齿、保护牙齿非常有益。

饮茶的十二个误区

| 饭后立刻喝茶有助于消化 |

事实上，饭后立刻喝茶并不好，因为茶叶中的鞣酸容易和食物中的铁发生反应，影响铁质吸收，导致人体缺铁，甚至诱发贫血症。正确的习惯是饭后半小时至1小时再喝茶。

| 空腹饮茶 |

空腹饮茶会冲淡胃酸，抑制胃液分泌，妨碍消化，影响人体对蛋白质的吸收，甚至会引起心悸、头痛、胃部不适、眼花、心烦等茶醉现象，因此，空腹时不宜饮茶。若发生茶醉，可以口含糖果或者喝一些糖水来缓解。

| 茶喝得越多越好 |

要根据个人情况决定饮茶量。对茶叶防癌效果的研究显示：只要每天喝150毫升茶就具有健康效益；对于目前通过保健食品认证的罐装茶饮料，一般喝650～1200毫升即可实现标示的功效。如果喝茶会影响睡眠或导致身体不适，就不要勉强喝茶。

| 茶叶泡得越久口感越好 |

不同的茶、不同的冲泡方法适合的冲泡时间也不同，因此不能一概而论。但是，总的来说，茶叶不宜久泡，因为冲泡得越久，茶叶中的咖啡因等物质释出得越多，会影响茶汤的口感和品质，茶水会有苦涩的味道，而且已经释出的有效成分也会因为氧化而遭到破坏。因此，应避免将茶叶泡得太久。

| 茶越浓越好 |

有的人喜欢喝浓茶提神，但其实茶水太浓，浸出的咖啡因和鞣酸过多，对胃肠的刺激性会很大。

| 用保温杯泡茶 |

泡茶不宜用保温杯，因为用保温杯泡茶，茶水会较长时间保持高温，茶叶中的一部分芳香类物质会消散，香气会减弱。此外，长时间浸泡的茶水容易有苦涩味，还会损失部分营养成分。

| 用开水泡茶 |

并非每种茶都适合用开水冲泡。一般100℃的沸水适合用来冲泡黑茶、乌龙茶，这些味道浓郁的茶用温度高的水冲泡，茶汤的品质和颜色都更好。而绿茶属于不发酵茶，不适合用过热的水冲泡，尤其是芽叶细嫩的名茶更不适合，否则茶汤会变黄，茶的品质和口感会受影响，茶叶中的许多营养物质也会被破坏。明前龙井和其他芽叶细嫩的绿茶，以及白茶和黄茶最好用70～85℃的水冲泡，对于红茶、花茶，水温可再高些。

| 运动后大量饮茶 |

运动过后或者水分大量流失后不宜喝茶补充水分。一是因为运动后，心脏跳动频率比平常高，心脏负担较大，若此时喝茶，那么茶中的咖啡因会刺激神经，使神经更兴奋，加重心脏负担，不利于运动后的恢复，对于体质本来就不好的人来说还可能有更严重的影响。二是因为茶具有利尿作用，运动后人本来就会大量出汗，失去大量电解质，若喝茶或茶饮料会进一步加重水分流失。

| 喝茶后嚼茶渣 |

有些人喝完茶后会咀嚼茶叶渣并吃下去，认为这样可以充分吸收茶叶中的营养物质。但从安全和健康的角度来看，不建议这样做，因为茶渣中也可能有微量的重金属元素和不溶性农药。如果吃茶渣，就会摄入这些有害物质，得不偿失。

| 一把茶叶泡一天 |

很多人上午会泡一壶茶，然后一喝就是一天，冲泡很多次也不换茶叶。其实这种做法是错误的，因为茶叶中的可溶物质的量是有限的，随着茶冲泡次数的增加，可浸出的营养物质会大幅降低，冲泡次数越多，茶叶的营养价值越低，喝到最后既品尝不到茶的香味，保健功效也大大降低。一般来说，红茶、绿茶以冲泡三次为宜，乌龙茶可多冲泡几次。此外，泡茶时最好用小茶壶，在办公室喝茶时如果不方便的话可以用带滤网的茶杯，将茶叶和水分开，避免茶叶长时间浸泡于水中。

| 茶越新鲜越好 |

很多人喝茶时喜欢追求新茶，认为新茶一定比陈茶好，但是新茶存放时间短，多酚类、醛类及醇类等物质含量较多，对人的胃肠黏膜刺激性较大，久喝可能诱发胃病。胃不好的人更应少喝加工后存放不足半个月的茶。且新茶中咖啡因、鞣酸等物质的活性较强，常喝这样的茶容易使神经系统高度兴奋，出现茶醉现象。

| 喝茶有助于醒酒 |

许多人喝酒后爱饮茶，认为这样有利于解酒。其实酒后喝茶对身体健康不利。

饮酒后，酒中的乙醇会通过胃肠道进入血液，在肝脏中转化为乙醛，再转化成醋酸，由醋酸分解成二氧化碳和水最后排出。如果酒后喝茶，茶水就会发挥利尿作用，使尚未分解的乙醛过早进入肾脏，强烈刺激肾脏，从而影响肾功能。此外，酒精中的乙醇和茶叶中的咖啡因都对心脏有刺激性，因此酒后喝茶会加重心脏负担。

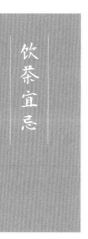

饮茶宜忌

| 饮茶宜少加糖 |

现在，市面上流行的茶饮料有加全糖的、加半糖的、不加糖的等几种。尤其是很多人热衷的奶茶，不论是瓶装的还是现做的，即使是标注了无糖或不加糖，其热量也很高。糖尿病、高血脂患者和想减肥的人不宜饮用加糖的茶。

| 宜注意茶叶的贮存 |

之前已经讲解过茶叶的贮存方法。需要强调的是，花草茶需特别注意保存的环境，因为花草茶含有较多的水分，容易因受潮而变质，所以保存时使用干燥剂或将其放在冰箱里保存都是不错的选择。

| 忌以茶配药 |

茶水中的茶单宁会与某些药物结合从而影响药效，例如补铁剂、某些抗生素会被茶水中的单宁酸、生物碱所吸附，使得人体对此类药物的吸收减少。

| 忌饭前饭后大量饮茶 |

饭前、饭后20分钟以内都不宜饮茶。饭前饮茶易伤害肠胃，饭后饮茶会冲淡胃液，影响食物消化。茶中含有草酸，草酸会与食物中的铁质和蛋白质发生反应，影响人体对铁质和蛋白质的吸收。

| 忌睡前饮茶 |

睡前两小时内最好不要饮茶，否则会使人的精神过于兴奋，影响睡眠，甚至导致失眠。尤其是饮用新采的绿茶后，神经极易兴奋，很容易失眠。

| 忌喝过烫茶 |

有一些人喜欢喝刚泡好的茶，其实这样对健康有害。过烫的茶对喉部、食道和胃肠道都有较强的刺激性，长时间喝过烫的茶容易伤害这些器官，甚至诱发恶性疾病。

| 忌喝隔夜茶 |

如果茶水放置的时间过长，茶多酚就会发生氧化，茶色会变暗，营养价值也会降低。此外，茶汤长时间暴露在空气中也容易被微生物污染，茶中的蛋白质、糖类物质还容易为细菌提供养分，使茶汤变质，人饮用后易胃痛、腹泻。所以，最好不要饮用隔夜茶。

儿童可以喝茶吗？

很多家长不敢让儿童饮茶，认为茶会刺激孩子的中枢神经系统，使孩子兴奋，不利于孩子的发育。还有观点认为茶里的茶多酚容易导致孩子患缺铁性贫血。这些观点有一定道理，但并不是绝对的，儿童饮茶要参考年龄、体质、季节等因素，不能一概而论。

一般来说，6岁以下的孩子不宜饮茶，因为6岁以下的孩子发育尚不成熟，茶里的茶碱、咖啡因等确实容易导致孩子过度兴奋、心跳加快、尿频、失眠等。茶叶中的鞣酸还会影响蛋白质的消化吸收，进而影响儿童的食欲和生长发育。

6岁以上的儿童可以适当、合理地饮茶。一般要求每日饮量不超过两小杯，尽量在白天饮用，茶汤要偏淡且要温饮。注意不要喝浓茶，泡茶时间也不要太久，饭前和饭后都不宜饮茶，否则会影响食物的消化和吸收，所以最好在饭后半小时再让孩子喝茶。

适度、合理饮茶可以促进儿童的消化吸收，茶叶中含有的维生素、氨基酸等营养物质以及一些微量元素都对儿童的生长发育有益。茶叶中的氟还能起到预防龋齿的作用。帮助儿童养成喝茶的习惯还有助于防止他们摄入过多含糖量高的软饮料。

青少年喝茶有什么好处？

如今，大多数青少年面临着繁重的学习任务，学业的压力容易使他们缺乏运动，消化不良，从而导致肥胖。父母的关爱或者溺爱也容易使孩子养成贪食、偏食的不良习惯，摄入过多的高热量食品，这也会使孩子消化不良、缺乏某些营养素。

适度饮茶有助于调节脂肪代谢，帮助消化吸收，加强小肠运动，促进胆汁和肠液的分泌，预防肥胖。喝茶还可以使青少年补充生长发育和新陈代谢所需的矿物质和其他营养素，有利于他们的健康成长。青少年喝茶还可预防龋齿。

老年人适合喝茶吗？

老年人体质逐渐下降，消化功能下降，肾功能逐渐衰退，因此喝茶时，需注意饮用量，还要注意饮茶的时间和茶水浓度。

大量饮茶或茶水过浓，容易稀释胃液，影响食物的消化吸收；摄入过量的咖啡因等物质，易导致失眠、心律不齐、耳鸣眼花、大量排尿等症状。一些心肺功能弱的老人，饮茶后还容易出现心慌、气短、胸闷等感觉。另外，老年人肠胃功能弱，早上喝茶易导致肠胃不适，晚上喝茶容易使神经过于兴奋，从而影响睡眠和休息。

女性在生理期能喝茶吗？

女性在生理期不宜喝茶。

月经期间，女性身体中的铁元素会随着经血流出而大量流失，而茶中的茶多酚在肠道中容易与铁元素结合形成沉淀物，妨碍肠黏膜对铁的吸收和利用，从而导致缺铁性贫血的发生。此外，茶中含有的咖啡因容易导致痛经、生理期延长或经期血量过大。

孕妇能喝茶吗？

孕妇可以适量饮茶，但不能饮浓茶。茶叶中的鞣酸可以与食物中的铁元素结合成一种不能被机体吸收的复合物，容易导致缺铁性贫血。孕妇过多饮用浓茶，有引起妊娠贫血的可能，也将给胎儿留下患先天性缺铁性贫血的隐患。孕妇喝茶过量还容易使胎儿吸收茶中的咖啡因，导致生长发育受影响。咖啡因对孕妇自身的健康也不利，容易引起心悸、失眠等症状。

哺乳期女性能喝茶吗？

处于哺乳期的女性不宜多喝茶。除了容易引发贫血外，茶叶中的咖啡因还容易使人精神兴奋，影响产妇休息。咖啡因会通过乳汁进入婴儿体内，影响婴儿尚未发育完全的器官，使婴儿精神过于兴奋，休息不好，且易出现肠痉挛和无故啼哭的现象。

上班族如何饮茶？

整天处于相对封闭的环境中的上班族，皮肤较其他人更容易出现问题，如干涩、长小细纹等。

补充水分是解决这些问题的最佳选择，因为人体如果缺少水分，尿液会减少，也就不容易排除身体内的毒素，随之而来的是容易疲倦、思维混乱。但补充水分也有学问。现在，很多办公大楼里都有空调，很多上班族还要整天对着电脑，这样的上班族最好喝绿茶。绿茶除了可以补充水分外，还可以预防电脑辐射的伤害。

简单地说，上班族每天可以喝四杯茶：

◎上午喝一杯绿茶

绿茶中含强效的抗氧化剂以及维生素C，不但可以清除体内的自由基，还能使人分泌出对抗紧张情绪和压力的激素。绿茶中所含的少量咖啡因可以刺激中枢神经，振奋精神。但晚上应少饮用绿茶，以免影响睡眠。

◎下午喝一杯菊花茶

菊花有明目清肝的作用，将菊花和枸杞子一起泡，或是在菊花茶中加入蜂蜜，对解郁有帮助。

◎疲劳了喝一杯枸杞茶

枸杞子含有丰富的 β -胡萝卜素、维生素B_1、维生素C钙、铁，具有补肝、益肾、明目的作用。枸杞本身具有甜味可以将其泡饮，也可以像吃葡萄干一样将其当作零食食用，对缓解"电脑族"眼睛干涩、疲劳的症状很有功效。

◎晚间喝一杯决明子茶

决明子有清热、明目、补脑髓、镇肝气、益筋骨的作用。晚上喝一杯，对健康有益。

健康状况不佳的人如何饮茶？

　　茶叶对人体健康的作用是不容置疑的，但并不是所有人都适合喝茶。健康状况不佳的人就应该谨慎饮茶。

　　1.发烧时忌喝茶。茶叶中的咖啡因不但能使人体体温升高，还会降低药效。

　　2.肝病病人忌饮茶。茶叶中的咖啡因等物质绝大部分需经肝脏代谢，若肝脏有病，又饮茶过多超过肝脏代谢能力的话，就会损伤肝脏。

　　3.神经衰弱者慎饮茶。茶叶中的咖啡因有使神经中枢兴奋的作用。若神经衰弱还饮浓茶（尤其是下午和晚上饮茶）就会引起失眠，加重病情。神经衰弱者可以在上午及午后各饮一次茶，上午不妨饮花茶，午后饮绿茶，晚上不饮茶。这样，患者会白天精神振奋，夜间静气舒心，可以早点入睡。

　　4.胃溃疡病患者慎饮茶。茶会刺激胃酸分泌，饮茶可引起胃酸分泌量加大，增加对溃疡面的刺激，常饮浓茶会促使病情恶化。但轻微患者可以在服药两小时后饮些淡茶，例如加糖红茶、加奶红茶，有助于消炎和保护胃黏膜。

　　5.营养不良者忌饮茶。茶叶有分解脂肪的功能，营养不良的人饮茶，会加重营养不良的情况。

　　6.贫血患者忌饮茶。茶叶中的鞣酸可与铁结合成不溶性的混合物，使体内的铁含量进一步减少，故贫血患者不宜饮茶。

　　7.尿结石患者忌饮茶。尿路结石通常是草酸钙结石，由于茶中含有草酸，尿结石患者若大量饮茶，会导致病情加重。

按照我国传统医药学的说法，茶叶因品种、产地不同，茶性也不同，对人体的作用也各异。

例如：绿茶性寒，适合体质偏热、胃火旺、精力充沛的人饮用。白茶性凉，适用人群和绿茶的适用人群相似，但"绿茶的陈茶是草，白茶的陈茶是宝"，陈放的白茶有扶正祛邪的功效，适合感冒的人饮用，可缓解感冒症状。黄茶性寒，功效也跟绿茶大致相似，不同的是口感，绿茶的口感较清爽，黄茶的则较醇厚。乌龙茶性平，适宜人群最广。红茶性温，适合胃寒、手脚发凉、体弱、年龄偏大者饮用，加入牛奶、蜂蜜后口味更好。黑茶性温，能去油腻、解肉毒、降血脂，适当存放后再喝，口感和疗效更佳。花茶芳香无比，喝花茶有益于放松身心，缓解压力，还能循序渐进地调理身体，对人体健康十分有利。

不同季节如何饮茶？

为了取得最佳的保健效果，平日我们饮茶时，要根据茶叶的性能和功效以及季节的变化选择不同的品种，这样做对身体比较有益。

| 春宜饮花茶 |

春天天气回暖，万物复苏，人体和大自然一样，处于恢复活力之际，此时宜喝茉莉花茶、桂花茶等花茶。花茶性温，春季饮花茶可以助人散出漫漫冬季中体内积累的寒气，促进人体阳气生发。花茶香气浓烈，香而不浮，爽而不浊，可令人精神振奋，消除春困，提高工作效率。

| 冬宜饮红茶 |

冬天气温低，寒气重，人体生理机能减退，阳气渐弱，对能量与营养需求较高。养生之道，贵在御寒保暖，提高抗病能力，此时宜喝祁红、滇红等红茶和普洱、六堡等黑茶。红茶性温味甘，含有丰富的蛋白质。冬季饮之，可补益身体，善蓄阳气，生热暖腹，从而增强人体对冬季气候的适应能力。红茶干茶呈黑色，泡出后叶红汤红，醇厚甘温，可加奶、糖，芳香不改。此外，冬季人们的食欲增加，进食油腻食品增多，饮用红茶还可去油腻、开胃口、助养生，使人体更好地顺应自然环境的变化。黑茶的功效与红茶相近。

| 夏宜饮绿茶 |

夏天骄阳高照，溽暑蒸人，人出汗多，水分消耗大，此时宜饮龙井、毛峰、碧螺春等绿茶。绿茶味略苦、性寒，具有消热、消暑、解毒、去火、降燥、止渴、生津、强心提神的功能。绿茶绿叶绿汤，清鲜爽口，滋味甘香并略带苦寒味，富含维生素、氨基酸、矿物质等营养成分。饮之既有消暑解热之功，又具补充营养之效。

| 秋宜饮乌龙茶 |

秋天天气干燥，常使人口干舌燥，因此宜喝乌龙茶。乌龙茶性适中，不寒不热，常饮能润肤、益肺、生津、润喉，能有效清除体内余热，恢复津液，对金秋保健大有好处。乌龙茶汤色金黄，外形肥壮均匀，紧结卷曲，色泽绿润，内质馥郁，其味爽口回甘。

抗衰美容茶

茶叶富含多种营养物质和药理成分，如矿物质、维生素、氨基酸、儿茶素等。其中，儿茶素是天然抗氧化剂，能清除自由基，具有抗肿瘤、抗氧化、抗病菌以及保护心脑器官等多种药理作用和抗衰老的作用。而花草茶则是天然的美容养肤和瘦身饮品，多种花草都具有淡化色斑、增加皮肤弹性和光泽、润燥通便、延缓衰老的作用。可以说，经常饮茶能达到抗衰老、美容养颜的效果。

水蜜桃云雾

配方： 水蜜桃 1 个，庐山云雾茶 3 克，冰糖适量

做法：

1.将水蜜桃切片后加水放入搅拌机，打成汁。

2.将庐山云雾茶用沸水冲泡，然后倒出茶汤，待茶汤适度冷却后，加入水蜜桃汁，再加适量冰糖调味即可。

用法： 不拘时频饮。

功效： 补充皮肤水分，增加肌肤弹性。

四味毛尖

配方：信阳毛尖适量，葡萄两颗，菠萝两片，柠檬两片，蜂蜜适量。

做法：

1.将信阳毛尖放在杯中，加入开水浸泡7～8分钟。

2.将菠萝片与葡萄榨汁，将果汁、蜂蜜、柠檬和绿茶同时倒入玻璃杯中拌匀即可。

用法：每日1剂。

功效：能促进老化角质层更新和表皮层黑色素的分解，让肌肤变得更加光滑、白皙。

红花茶

配方：红花5克，信阳毛尖适量，红糖30克。

做法：在杯中加入红花、信阳毛尖和红糖，用沸水冲泡，加盖闷5分钟后即可饮用。

用法：每日1剂。

功效：红花味甘、无毒，能行男子血脉、通女子经水，多则行血，少则养血。红花和红花籽皆富含维生素和生物活性成分，能养血活血、降压降脂、抑制血栓形成、保护心脏、美容美发，让皮肤变得干净透亮。

配方：铁观音5克，蜂蜜两毫升，柑橘适量。

做法：将茶叶放入茶碗，以开水冲泡。将柑橘榨汁，待茶汤稍凉后加入橘汁和蜂蜜，即可饮用。

用法：本饮品性凉，不宜每日饮用。隔2～3天饮用一次为佳。

功效：排毒养颜，有助于治疗便秘、脾胃不和等症。

排毒观音蜜茶 ▶

陈皮红茶 ◀

配方：陈皮5克，祁门红茶3克，蜂蜜适量

做法：

1. 将陈皮洗净，切成丝状。

2. 用沸水冲泡祁门红茶，倒出茶汤。

3. 在茶汤中放入陈皮和蜂蜜。

4. 盖上碗盖，闷5～10分钟即可饮用。

用法：每日1剂。

功效：清热降火，可使肌肤更白嫩。

茶疗方剂

茶叶对人体具有很好的保健功效，所以自从茶被发现和使用以来，茶与茶疗一直是我国医药学的重要组成部分。以茶作为单方或与其他中药组成复方内服或外用，以此作为养生保健、防病疗疾的方法，即称为茶疗。茶在中国最早是以药物身份出现的，中国对茶的养生保健和医疗作用的研究与应用有着悠久的历史。茶疗可谓中国茶文化宝库中的一朵奇葩。

在我国古代，茶疗方剂被广泛运用，对此，诸多典籍都有相关的记载。到了近代，特别是现代，茶疗的应用几乎随处可见。如《中国药学大辞典》《中国医学大辞典》《药材学》《中药大辞典》《瀚海颐生十二茶》《家用中成药》《中国药膳学》《中国药学》等诸多著作中，都有许多茶疗方剂。茶疗有取材易、制法简、应用方便、疗效好的特点，因而备受人们的欢迎。

性味，是中药的重要理论，一般又称为"四气五味"。四气（或四性），即寒、凉、温、热，表明药物的寒热特性。五味，即辛、甘、酸、苦、咸，表明药物的味道。这两者都与该药的功效与主治有着很大的关系。茶的性味，《新修本草》作"味甘、苦，微寒，无毒"，《本草纲目》改作"味苦、甘，微寒，无毒"，两者基本相同，只更改了两个字的位置。中医理论认为甘者补而苦则泻，由此可知茶叶是功兼补泻的良药。微寒，即凉也。具寒凉之性的药物可以清热、解毒，这也与茶的实际功效相符。其他各家的论述也大体类似，如《本草拾遗》作"寒，苦"，《汤液本草》作"气寒，味苦"等。

茶疗融保健与治疗于一身，包括"防"与"治"两个方面。

"防"就是指靠喝茶来养生保健，"治"就是指用茶（含药茶）治疗疾病，这也体现了茶疗的原则：第一，以预防为主，特别是要重视自我保健，学会科学喝茶并养成习惯是对疾病最好的预防；第二，兼用多种保健治疗措施，比如经常晨练、不吃过甜或过咸的食物等，综合起来效果会更好；第三，注意身体防治与心理调节相结合，这也是茶疗最重要的原则，因为人的心理变化往往会引起生理的变化，如果人们能够自觉地将喝茶、物理疗法、药物疗法与心理疗法等结合起来，就会更容易保持身心健康。

茶疗的传统剂型有汤剂、散剂、丸剂、冲剂等。近年来又出现了一些新形式，如以袋泡剂取代传统服法，以科学方法将茶制成胶囊或结晶体冲泡剂，提取茶叶中的有效成分制成口服液或片剂等。

现代人生活节奏快，工作压力大，加上环境污染等因素，极易出现免疫力下降、疲劳、"三高"等亚健康状态。人们也深知保持身体健康的重要性，毕竟身体是事业的基础，失去了健康，就会失去工作、失去职位，给自己和家庭带来痛苦，给社会增加负担。中医学认为，人出生后就要注意养生，才能健康一生。现代医学研究也表明，人的免疫功能20岁时最强，从30岁就开始下降，因此养生要趁早。在这种情况下，喝茶保健的茶疗养生方式在都市悄然兴起，并被越来越多的人接受。

活血补血方

配方： 大枣 25 克，生姜 10 克，红茶两克，蜂蜜适量。

做法：

1. 将大枣加水煮熟并晾干。

2. 将生姜切片、炒干，加入蜂蜜炒至微黄。再将大枣、生姜和红茶用沸水泡 5 分钟，最后加入蜂蜜调味即成。

用法： 每日 1 剂，分 3 次服用。

功效： 健脾补血，和胃，助消化。适用于缓解食欲不振、贫血、反胃吐食等症。

大枣生姜蜂蜜茶

红枣绿茶

配方： 红枣 10 枚，白糖 10 克，绿茶 5 克。

做法： 先将红枣加水和糖，煎煮至红枣熟。再将茶叶用沸水泡 5 分钟，最后将茶汤倒入红枣汤内煮沸即成。

用法： 每日 1 剂，多次温服。

功效： 补精养血，健脾和胃。适用于缓解贫血、久病体虚、维生素缺乏等症。

配方：黄豆 30 克，红茶 3 克，盐适量。

做法：将黄豆加水煮熟后，趁热加入红茶泡 5 分钟，最后加入盐搅匀即可。

用法：每日 1 剂，分 3～4 次服用。

功效：健脾补血。

黄豆红茶

枸杞红茶

配方：枸杞子 10 克，红茶 3 克，盐适量。

做法：将枸杞子用食盐炒至发胀后，去盐，加入红茶，用沸水泡 5 分钟即成。

用法：每日 1 剂。

功效：润肺补肾，益肝明目，养血。适用于缓解阴虚、视力减退、潮热盗汗、性欲减退等症。

配方： 庐山云雾5克，陈醋1毫升。

做法： 将茶叶用沸水泡5分钟，滴入陈醋即可。

用法： 每日1剂。

功效： 和胃止痢、活血化瘀，可辅助治疗牙痛等症。

醋茶

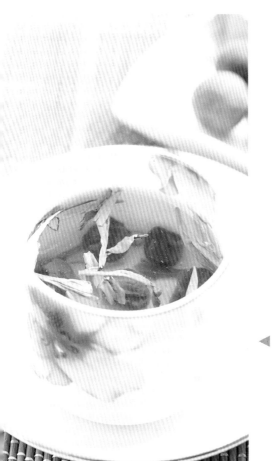

桂圆龙井茶

配方： 桂圆肉15克，龙井茶3克。

做法： 将桂圆肉置于锅中，加盖蒸1小时。将龙井茶用沸水泡5分钟后去渣取汁，趁热将茶汁冲入桂圆肉内即可。

用法： 每日1剂，温服，食肉喝汤。

功效： 益心脾，补气血，安神。适用于缓解神经衰弱、体弱血虚、失眠健忘等症。

| 滋补健体方 |

配方: 莲子30克,冰糖20克,绿茶5克。

做法:

1. 将带心莲子用温水浸泡数小时,然后加冰糖和水炖烂。

2. 将茶叶用沸水泡5分钟,然后将茶汤拌入莲子汤内即成。

用法: 每日1剂,多次服饮。

功效: 养心益肾,清心宁神。适用于缓解心气不足、心悸怔忡等症。

莲子冰糖绿茶

牛奶茶

配方: 砖茶50克,牛奶300毫升,白糖适量。

做法: 将砖茶、牛奶、糖倒入锅中,加热即可。

用法: 每日1剂,少量多次缓饮。

功效: 滋阴补气,健脾提神。

配方：粳米50克，绿茶两克。

做法：将粳米加水煮至半熟，趁热用米汤冲泡绿茶，泡5分钟即成。

用法：每日1剂，少量多次缓饮。

功效：生津止渴，健胃利尿，消热解毒。适用于缓解暑热口渴等症。

粳米绿茶

核桃绿茶

配方：核桃仁5克，绿茶两克，白糖25克。

做法：将核桃仁磨碎，与茶叶混合，用沸水泡5分钟，加糖拌匀即可。

用法：每日1剂，分两次服饮。

功效：补肾强腰，敛肺定咳。适用于缓解腰肌劳损、体虚、气喘、产后手脚绵软无力、慢性气管炎等症。

配方：君山银针 5 克，茉莉花 3 克。

做法：将君山银针、茉莉花按中投法泡制，取其茶水饮用。

用法：每日 1 剂。

功效：滋补肝肾，养血润肺。

银针茉莉花茶

止咳化痰方

陈皮绿茶 ▶

配方： 陈皮3克，绿茶5克。

做法： 用沸水冲泡绿茶和陈皮，再将其置入锅中隔水蒸20分钟即成。

用法： 每日1剂，不拘时频饮。

功效： 润肺消炎，理气止咳。

◀ 白萝卜绿茶

配方： 白萝卜100克，绿茶5克，盐适量。

做法：

1. 将茶叶用沸水泡5分钟，取汁。

2. 将白萝卜切条煮烂，加盐调味，然后倒入茶汤即可。

用法： 每日1剂。

功效： 清热化痰，理气开胃。

配方：胖大海 5 克，金银花 3 克，绿茶 5 克。

做法：将金银花、绿茶和胖大海混合，用沸水冲泡。

用法：每日 1 剂，不拘时频饮。

功效：润肺止咳。

金银花胖大海绿茶

桂圆胖大海红茶

配方：桂圆肉 15 克，红茶 3 克，胖大海 5 克，红枣 4 颗，红糖适量。

做法：

1. 将桂圆肉和红枣放入锅中，加盖蒸 1 小时。

2. 将红茶、红糖和胖大海用沸水泡 5 分钟后去渣取汁，趁热在茶汤中加入桂圆肉和红枣。

用法：每日 1 剂，温服，食肉喝汤。

功效：通经活血，理气润肺。

杏仁茶

配方： 杏仁 10 颗，武夷岩茶 7 克。

做法： 将杏仁去皮，和茶叶一起煮汁。

用法： 饭后饮用。

功效： 发汗解表，温肺止咳。适用于缓解感冒、咳嗽、肠胃炎等症。

| 治胃病方 |

配方：绿茶 30 克，薄荷 5 克，白糖 150 克，蜂蜜 150 克。

做法：将白糖、蜂蜜、绿茶、薄荷混合后置于锅中，加水 1500 毫升，煎熬至 750 毫升后，去渣取汁，贮于有盖子的瓶子中。

用法：每日早晚各饮 1 次。

功效：和胃，止痛。

薄荷蜂蜜绿茶

玫瑰蜂蜜绿茶

配方：玫瑰花 5 克，蜂蜜 25 克，绿茶 1 克。

做法：将玫瑰花加水煮 5 分钟后，趁沸放入蜂蜜、绿茶，搅匀即成。

用法：每日 1 剂，多次服用。

功效：健胃，消食。

配方：红糖5克，薏米10克，红茶3克。

做法：将薏米加水煮熟，取汁后用其冲泡红茶，5分钟后加红糖调味即可。

用法：每日3剂，饭后服用。

功效：和胃，通便。

薏米红茶

蜜红茶

配方：红茶10克，红糖、蜂蜜各适量。

做法：将红茶、红糖和蜂蜜混合后，用沸水泡5分钟即可。

用法：每日1剂，多次服用。

功效：解表，温中，止呕。

| 治感冒方 |

芝麻生姜绿茶

配方:	生芝麻30克,生姜5克,绿茶5克。
做法:	将生芝麻、生姜和绿茶混合后用沸水泡5分钟即可。
用法:	每日1剂。
功效:	发汗解表。

核桃仁葱白绿茶

配方:	核桃仁20克,葱白20克,绿茶15克。
做法:	将核桃仁、葱白和绿茶混合,加水煮5分钟即可。
用法:	每日1剂,分两次服用。
功效:	解表散寒,对感冒、头痛无汗有一定疗效。

甘草茶

配方：甘草5克，祁门红茶6克，冰糖适量。

做法：将甘草与茶叶一起放入锅中，加入300毫升左右的水，煮沸后再煮5～10分钟，滤除茶渣，加入冰糖后饮用。

用法：每日1剂。

功效：对感冒、咳嗽、喉咙痛、头痛有一定疗效。

金银茉莉菊花茶

配方：金银花15克，菊花10克，茉莉花3克。

做法：将金银花、菊花、茉莉花放入茶杯，用沸水冲泡。

用法：每日1剂。

功效：清热解毒，对风热感冒、咽喉肿痛有一定疗效。

| 治头痛方 |

配方：辣椒 500 克，红茶 10 克，胡椒粉和盐各适量。

做法：将辣椒和茶叶捣碎，再加入胡椒粉和盐混匀，然后用沸水冲泡即可。

用法：每日 1 剂。

功效：驱寒解表，可治伤风头痛。

辣椒红茶 ▶

◀ 生姜绿茶

配方：生姜 5 克，绿茶 3 克，白糖 25 克。

做法：将生姜、绿茶和糖混合，用沸水泡 5 分钟即可。

用法：每日两剂，多次服饮。

功效：祛风，解表，止痛。

痢疾方

绿茶 10 克，大蒜 30 克。

将大蒜头去皮捣烂成糊状，再一起用沸水泡 5 分钟即可。

每日 1 剂，分 2 ～ 3 次服用，4 ～ 5 天。

杀毒止痢，适用于缓解慢性痢疾。

大蒜绿茶

葡萄汁生姜蜂蜜绿茶

配方：绿茶 9 克，葡萄汁 60 毫升，生姜 3 克，蜂蜜 30 克。

做法：将绿茶用水冲泡后取茶汤，加入葡萄汁、生姜和蜂蜜，搅匀即可。

用法：每日 1 剂。

功效：补气血，润肠解毒。